Januar 1910.

Königliche Technische Hochschule zu Berlin.

MITTEILUNGEN

der

Prüfungsanstalt für Heizungs- und Lüftungseinrichtungen

(Vorsteher: Dr.-Ing. Rietschel, Geh. Reg.-Rat und f Professor).

Heft 1.

MÜNCHEN und BERLIN.
Druck und Verlag von R. Oldenbourg.
1910.

Inhalt.

I. Vorwort des Vorstehers.

Zweiundzwanzig Jahre sind verflossen, daß auf des Unterzeichneten Antrag an der Kgl. Technischen Hochschule in Berlin eine »Versuchsstation für Heizungs- und Lüftungseinrichtungen« erstellt und dem Lehrstuhl für Heizung und Lüftung angegliedert wurde. Ein Blick auf das kurz vor seinem Abbruch aufgenommene Gebäude (Fig. 1) zeigt, daß in ihm nur wenige und beschränkte Räume zur Verfügung standen, die naturgemäß für die Zahl der möglichen Versuche und für die Größe der Versuchsobjekte ausschlaggebend waren. Dennoch sind in jener Zeit zum Teil unter Zuhilfenahme noch anderer Räume der Hochschule mehrere für die Heizungs- und Lüftungstechnik sehr wichtige Fragen studiert und durch Versuche geklärt worden[1].

Die gesteigerten Forderungen aber, die mit Recht infolge der bedeutenden in den letzten Dezennien auf dem Gebiete der Hygiene und der Technik zu verzeichnenden Fortschritte an das Heizungs- und Lüftungsgebiet gestellt werden, die immer umfangreicheren Anlagen, die in der Fürsorge des Staates und der Gemeinden um das Volkswohl sich als nötig erweisen und die vielen noch ungeklärten Vorgänge, die zur Erfüllung einwandfreier Entwürfe und Ausführungen ihrer Beantwortung harren, haben die Notwendigkeit gezeigt, eine neue, große und entsprechend ausgerüstete »Prüfungsanstalt für Heizungs- und Lüftungseinrichtungen« erstehen zu lassen.

Die Preußische Unterrichtsverwaltung, das Ministerium der öffentlichen Arbeiten und das Finanzministerium haben im Jahre 1904 dem diesbezüglichen Antrag des Unterzeichneten in entgegenkommendster Weise Folge gegeben und vom Landtage die Mittel für einen Neubau auf dem Gelände der Technischen Hochschule erwirkt. Im Frühjahr 1907 konnte die Anstalt, die unter Leitung des Kgl. Baurates Herrn Kothe errichtet worden ist, bereits zum Teil in Benutzung genommen werden.

Für die Errichtung der Anstalt gebührt den vorgesetzten Behörden der wärmste und ehrerbietigste Dank. Diesen nicht nur in seinem Namen, sondern

---

[1] Bestimmungen des Transmissionskoeffizienten von Dampf- und Warmwasserheizkörpern,

Versuche über die bei Bewegung von Luft in Blechrohrleitungen und Mauerkanälen auftretenden Widerstände,

Prüfung von Preß- und Saugköpfen,

Untersuchung von Isolierungen,

Beobachtungen über den Druckabfall in Filtern usw.

auch im Namen der Industrie hier an erster Stelle zum Ausdruck zu bringen, ist dem Unterzeichneten ein aufrichtiges Bedürfnis.

Das große Interesse, das die Industrie den Arbeiten der Prüfungsanstalt entgegenbringt, beweist am besten die Tatsache, daß während ihres dreijährigen Bestehens dem Unterzeichneten für Zwecke und zur freien Verfügung der Anstalt der »Verband Deutscher Zentralheizungsindustrieller« jährlich 5000 M. und ein Vertreter der Industrie, der ungenannt bleiben will, eine Summe von 20 000 M.

Fig. 1. Ansicht der alten Versuchsstation.

überwiesen haben, und daß die Firmen, von denen die innere Einrichtung der Anstalt und die Ausführung von Versuchseinrichtungen entstammen, diese meist zu bedeutend ermäßigten Preisen, mehrfach auch geschenkweise, geliefert haben.

Diese hochherzigen Zuwendungen, für die die Anstalt zu größtem Dank verpflichtet ist, ermöglichen es, über die Zahl der vom Staate zugeteilten drei ständigen Assistenten hinausgehen, noch weitere Herren an den Versuchen beteiligen, und somit das Arbeitsprogramm der Anstalt, den jeweiligen Bedürfnissen entsprechend, erweitern zu können.

Mit dem laufenden Wintersemester trat die neue »Prüfungsanstalt für Heizungs- und Lüftungseinrichtungen« in ihr drittes Betriebsjahr.

Naturgemäß mußte die erste Zeit hauptsächlich der inneren Ausgestaltung der Anstalt gewidmet bleiben. In welcher Weise diese den Aufgaben der Anstalt entsprechend erfolgt ist, wird aus dem nachfolgenden ersten Aufsatz der »Mitteilungen« hervorgehen. An dieser Stelle will ich nur der angenehmen Pflicht nachkommen, meinem ersten und zweiten ständigen Assistenten, Herrn Privatdozent Dr. techn. Brabbée und Herrn Ingenieur Dietz für ihre Hingabe bei Erledigung der Durcharbeitung aller einzelnen Einrichtungen zu danken. Herr Dr. Brabbée hat noch dadurch meinen besonderen Dank erworben, daß er durch sein Eindringen in die Ziele der Anstalt und durch seine konstruktive

Begabung verschiedene Sonderkonstruktionen geschaffen hat, die für die exakte Durchführung der Versuche von Bedeutung sind und somit eine wertvolle Bereicherung der Anstalt darstellen.

Die Aufgaben der Prüfungsanstalt liegen nach drei verschiedenen Richtungen.

In erster Linie wird die Anstalt der Durchführung von Forschungsarbeiten dienen, die für die Entwicklung der Heizungs- und Lüftungstechnik von Wichtigkeit sind. Die betreffenden Versuche sollen in ihren Ergebnissen unmittelbar der Praxis dienen, sie sollen also nicht lediglich Laboratoriumsversuche sein, um allgemein physikalische Gesetze abzuleiten, sondern hauptsächlich Versuche mit den vielgestaltigen in der Praxis verwendeten oder neu auftretenden Konstruktionen und Anordnungen, um deren Wertigkeit festzustellen und um die noch fehlenden für die Berechnung und Anwendung erforderlichen Grundlagen zu schaffen.

Da genaue Versuche nur möglich sind, wenn gegen die Meßinstrumente keine Einwände erhoben werden können, so war es zunächst erforderlich, in dieser Hinsicht volle Klarheit zu besitzen.

Die Abnahme der zu Versuchszwecken bestimmten Lüftungseinrichtung ergab die Notwendigkeit, die für die Bestimmung der Luftgeschwindigkeit dienenden Meßinstrumente einer eingehenden Prüfung zu unterziehen. Die hierfür erforderlich gewordenen zeitraubenden, aber zu einem sehr befriedigenden Ergebnis geführten Untersuchungen sind von solcher Bedeutung für die Praxis, daß sie in diesem Heft als erste Forschungsarbeit der Anstalt Veröffentlichung finden sollen.

Von weiteren Forschungsarbeiten, die ebenfalls zum Abschluß gekommen sind und über die demnächst berichtet werden soll oder die noch zurzeit die Anstalt beschäftigen, seien an dieser Stelle genannt:

Untersuchung von selbsttätigen Kondenswasserableitern,

Bestimmung der Werte für Reibung und einmalige Widerstände bei Warmwasserleitungen,

Untersuchung der Oberflächentemperatur und der Wärmeabgabe von Heizkörpern bei Steigerung der Luftgeschwindigkeit.

In zweiter Linie soll die Anstalt der Abhaltung von Übungen mit den Studierenden dienen. Es ist dies ein logischer Ausbau der an der Technischen Hochschule in Berlin durchgeführten Prinzipien, den Studierenden neben ihrer theoretischen Ausbildung, soweit als nur irgend tunlich, auch eine praktische Betätigung zu ermöglichen. In diesen von dem ersten ständigen Assistenten, dem Privatdozenten Dr. techn. Brabbée abgehaltenen wöchentlich dreistündigen Übungen finden die Studierenden Gelegenheit, sich in besondere, namentlich maschinentechnische Einzelheiten zu vertiefen und sich mit den in der Heizungs- und Lüftungstechnik gebräuchlichen Meß- und Untersuchungsmethoden vertraut zu machen.

Als dritte Aufgabe wird sich die Prüfungsanstalt unmittelbar in den Dienst der Industrie stellen, d. h. auf besonderen Antrag und soweit die übrigen Arbeiten dies gestatten, Prüfung von Konstruktionen sowohl im Zustand der Entwicklung als auch nach ihrer Fertigstellung vornehmen. Die gewonnenen Ergebnisse werden solange als Amtsgeheimnis betrachtet, als die untersuchten Gegenstände nicht auf den Markt gebracht werden, andernfalls behält sich die Anstalt das Recht vor, die Ergebnisse der Versuche zu veröffentlichen.

Über jede Prüfung auf Antrag, — die nur gegen Vergütung der aus ihr der Kgl. Staatskasse erwachsenden Unkosten durchgeführt werden darf — erhält der Antragsteller auf Wunsch ein Attest, das die nötigen, rein sachlich gehaltenen Mitteilungen über die Art und Weise der angestellten Untersuchungen und der hierbei gewonnenen Ergebnisse enthält.

Bisher erstreckten sich die einschlägigen Untersuchungen auf:

Prüfung automatischer Wärmeregler,
Feststellung der Wirkung von Preß- und Saugköpfen für Häuser, Schiffe und Eisenbahnen,
Bestimmung der Wärmeabgabe neuer Wasser- und Dampfheizkörper.

Außerhalb der Anstalt wurde während der Ferien auf Antrag eine Bestimmung des Wirkungsgrades von Warmwasserkesseln vorgenommen.

Über die in der Prüfungsanstalt angestellten Versuche und deren Ergebnisse, soweit sie für die Wissenschaft und Praxis von Wichtigkeit sind und der Öffentlichkeit zugänglich gemacht werden können, soll in zwanglosen Heften Bericht erstattet werden.

Alle Veröffentlichungen werden unter dem Titel: »**Mitteilungen der Prüfungsanstalt für Heizungs- und Lüftungseinrichtungen**« erscheinen und von der Firma R. Oldenbourg, München und Berlin, verlegt werden.

Die Zeitabschnitte, innerhalb deren die Mitteilungen erscheinen, hängen von den Fortschritten der Arbeiten ab. Wenn einmal längere Pausen eintreten sollten, so möge bedacht werden, daß die Durchführung einwandfreier Versuche meist mit großen Schwierigkeiten verbunden ist, daß vielfach die notwendigen Meßinstrumente erst geschaffen werden müssen und oftmals die Versuchsanordnungen Änderungen oder Ergänzungen erfordern, daß somit Untersuchungen über die auf wenigen Seiten berichtet werden kann, mitunter lange Zeit bis zu ihrer zufriedenstellenden Beendigung in Anspruch nehmen.

Zur Bewältigung der der Anstalt erwachsenden zahlreichen Arbeiten sind dem Unterzeichneten eine Anzahl von Herren zugeteilt, an deren Spitze zurzeit als erster Assistent Privatdozent Dr. techn. K. Brabbée steht. Er teilt sich mit den anderen beiden ständigen Assistenten, Ingenieur L. Dietz und Dipl.-Ing. M. Berlowitz, sowie mit Dipl.-Ing. A. Margolis in die zu erledigenden Aufgaben, an deren Durchführung und Auswertung auch die technischen Hilfskräfte, die Ingenieure Hoffmann, Haase und Weber Anteil nehmen.

Vor Eintritt einzelner dieser Herren waren Dipl.-Ing. Block und Dipl.-Ing. Mensing sowie die Ingenieure Bätjer und Mornhinweg in der Anstalt tätig.

Die technischen Einrichtungen der Prüfungsanstalt entstammen den Firmen:

Farbenfabriken vorm. Friedr. Bayer & Co., Leverkusen b. Mülheim a. Rh.
Bechem & Post, G. m. b. H., Hagen i. W.
Gasmotoren-Fabrik Deutz.
Gebr. Dopp, Maschinen- und Wagenfabrik, G. m. b. H., Berlin.
S. Elster, Fabrik für Gasanstalts-Bedarf, Berlin.
Maschinenfabrik Ernst Franke, Berlin.
R. Fueß, Steglitz bei Berlin.

Gesellschaft für selbsttätige Temperaturregelung, G. m. b. H., Berlin.
Johannes Haag, Maschinen- und Röhrenfabrik, Aktiengesellschaft,
    Augsburg.
Hartmann & Braun, Aktiengesellschaft, Frankfurt a. M.
Fritz Kaeferle, Maschinenfabrik, Eisen- und Metallgießerei, Hannover.
Emil Kelling, Berlin.
Richard Klinger, Gumpoldskirchen bei Wien.
Rudolf Otto Meyer, Hamburg.
Mix & Genest, Akt.-Ges., Berlin.
Schäffer & Budenberg, G. m. b. H., Magdeburg-Buckau.
G. A. Schultze, Charlottenburg.
Siemens & Halske, Aktiengesellschaft, Berlin.
Siemens-Schuckertwerke, G. m. b. H., Berlin.
Strebelwerk, G. m. b. H., Mannheim.

Eine Besichtigung der Anstalt wird gern gestattet, jedoch ist, um Störungen in den Arbeiten zu vermeiden, hierfür der Sonnabend zwischen 9 und 11 Uhr zu wählen und vorherige schriftliche Anmeldung erforderlich. —

Möge die »Prüfungsanstalt für Heizungs- und Lüftungseinrichtungen« das werden und bleiben, was der leitende Gedanke für ihre Errichtung war: ein Bindeglied der Wissenschaft und der Praxis.

Der Vorsteher:

Dr.-Ing. Rietschel,
Geh. Regierungsrat und Professor.

II. Beschreibung der Prüfungsanstalt und ihrer inneren Einrichtungen.

1. Einleitung.

Die in den Jahren 1906/07 errichtete »Prüfungsanstalt für Heizungs- und Lüftungseinrichtungen« umfaßt eine Grundfläche von rund 700 qm und einen Rauminhalt von rund 3600 cbm. Fig. 2 zeigt die äußere Ansicht, Fig. 3 die Grundrisse und Querschnitte, Taf. 1—4 Photographien einiger Inneneinrichtungen des in Ziegelrohbau hergestellten Gebäudes. Die schmale langgestreckte Gestaltung der Anstalt war bedingt durch den für die Errichtung auf dem Gelände der Kgl. Technischen Hochschule zur Verfügung stehenden Platz. Wie aus den Querschnitten hervorgeht, mußte, durch besondere Verhältnisse bedingt, das Untergeschoß 2 m unter Terrain gelegt werden. Es hat diese Ausführung in bezug auf Wärmeverluste gewisse Vorteile, sie machte aber in bezug auf Entwässerung usw. besondere Vorrichtungen nötig, die weiter unten an betreffender Stelle zur Erläuterung kommen werden.

Die Baukosten einschließlich der Beträge für die Herstellung der Kraft- und Lichtanlage, der Dampf- und Abwasserfernleitungen, der Asphaltierung der

Fig. 2. Ansicht der neuen Prüfungsanstalt.

Zufahrtsstraße betragen rund 115000 M., die Kosten der Versuchseinrichtungen etwa 50000 M., wobei in letzter Beziehung zu bemerken ist, daß der in den Einrichtungen niedergelegte Wert ein bedeutend höherer ist, da sie von den betreffenden

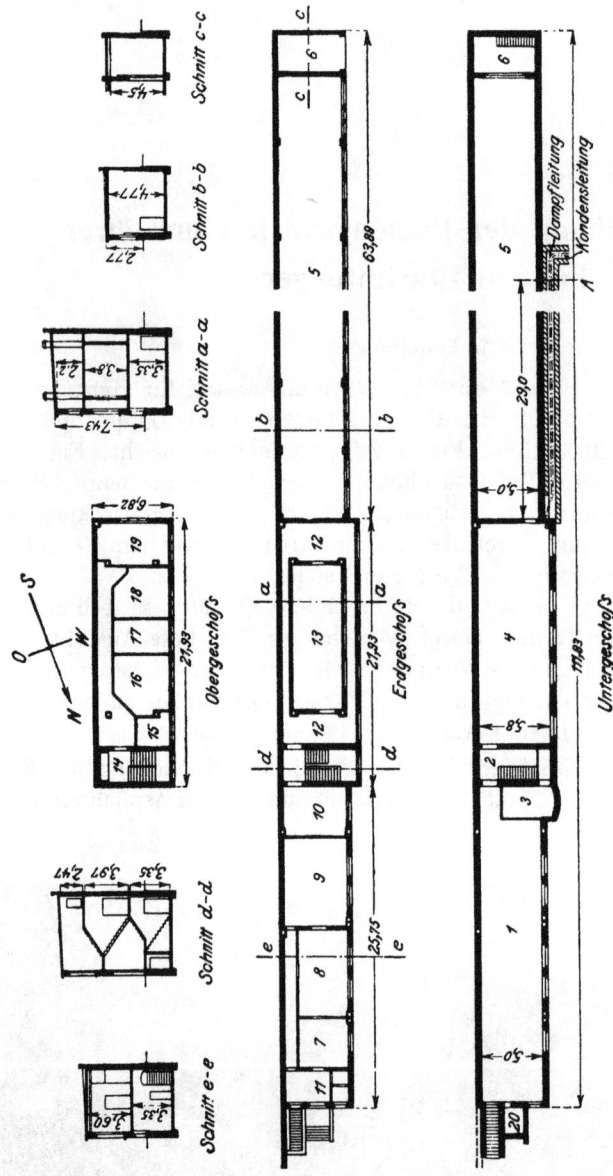

Fig. 3. Prüfungsanstalt für Heizungs- und Lüftungseinrichtungen.

Firmen[1]) in entgegenkommendster Weise teils kostenfrei, teils zu ermäßigten Preisen geliefert worden sind.

Den für Versuchs- und Heizzwecke erforderlichen Dampf erhält die Anstalt von den Dampfkesseln der Hochschule durch eine insgesamt 150 m lange, auf

[1]) Siehe S. 4.

20 atm geprüfte, in einem Terrainkanal auf Kugelschlitten gelagerte Rohrleitung, deren Durchmesser bis zum Punkte A (Abzweig in die Versuchshalle, s. Fig. 3) 82 mm, vom Punkt A 72 mm im Lichten beträgt. Selbstverständlich ist die Leitung mit allen erforderlichen Ausdehnungsvorrichtungen, Entwässerungen, Isolierungen usw. versehen.

Zurzeit findet die Dampfentnahme von den Kesseln statt, die vorwiegend der Versorgung der sämtlichen Gebäude der Hochschule mit Heizdampf zu dienen haben. Der Dampf tritt mit etwa 6 atm abs. in die Prüfungsanstalt ein und liegt hierdurch für diese die Möglichkeit vor, über die mit etwa 1000 kg/std. Dampf vorgesehene Höchstleistung verfügen zu können. Es ist jedoch Vorsorge getroffen, daß bei später etwa eintretendem Bedarf die Dampfleitung auch mit den Maschinenkesseln der Hochschule, die mit einer Spannung von 13 atm abs. arbeiten, ohne Schwierigkeit in Verbindung gebracht werden kann.

2. Maschinenraum.
(S. Fig. 3, Raum 4).

An der Südwand des Maschinenraumes tritt die Dampfleitung in das Gebäude ein und verbindet sich mit dem Dampfverteiler, der in Fig. 4 zur Darstellung gebracht ist. Um den Horizontalschub der Leitung ohne Einschaltung eines besonderen Kompensators auszugleichen, lagert der mit ihr zunächst verbundene Entwässerer auf Kugelschlitten. Die Anordnung hat sich bisher anstandslos bewährt.

Der Dampfverteiler ist für verschiedene Verbrauchsgruppen eingeteilt und derart angelegt, daß, wie aus Fig. 4 ersichtlich, die Spannung einer jeden Verbrauchsgruppe unabhängig von der der anderen in erheblichen Grenzen geändert werden kann; die kleinen Spannungen sind der besseren Gleichmäßigkeit halber durch eine zweite Abstufung mittels Reduzierventilen der Firma Fritz Kaeferle erzielt, die sich hier sowie an anderen Stellen der Anstalt durchaus bewährt haben. Obgleich die Hochdruckleitungen durch 30 mm, die anderen durch 20 mm starke Korkschalen, Kieselgurunterstrich, Bandage und Anstrich isoliert sind, waren dennoch die Leitungs- und Strahlungsverluste so groß, daß die Temperatur unterhalb der Decke im Maschinenraume auf mehrere Meter vom Verteiler entfernt bis auf 36° anstieg. Durch Anbringen einer 1,25 m hohen Glaswand an der Decke vor dem Verteiler und Entlüftung des so abgeschlossenen Raumteiles verringerte sich die Temperatur vor der Glaswand bis auf 25°. Auf diese Temperatur hat, da der Maschinenraum nur 1,10 m über Terrain herausragt, die Temperatur der Außenluft keinen nennenswerten Einfluß.

Die Kondenstöpfe sämtlicher Dampfleitungen der Anstalt sind, der Wartung leicht zugänglich, an den Wänden des Maschinenraumes montiert. Das Kondensat fließt zunächst in ein vor dem Dampfverteiler versenkt angeordnetes, mit Überlauf und Wrasenabzug versehenes Reservoir und, nachdem es durch eine automatisch betätigte elektrische Pumpe nach einem im Flur des Obergeschoßes aufgestellten Gefäß gehoben worden ist, mit natürlichem Gefälle nach dem Kesselhause zurück.

An die Kondenswassergrube schließt sich an der Ostseite des Maschinenraumes ein Luftheizapparat mit Ventilatoranordnung an, der im Kapitel »Isolierraum« zu besprechen ist, ferner die Versuchseinrichtung für Kondenstöpfe und Dampfmesser — deren Konstruktion gleichzeitig mit Versuchsberichten späterhin veröffentlicht werden wird — und schließlich noch ein Gegenstromapparat der Firma »Hoffmannswerk« zur Dampfwarmwasserheizung der Bureauräume.

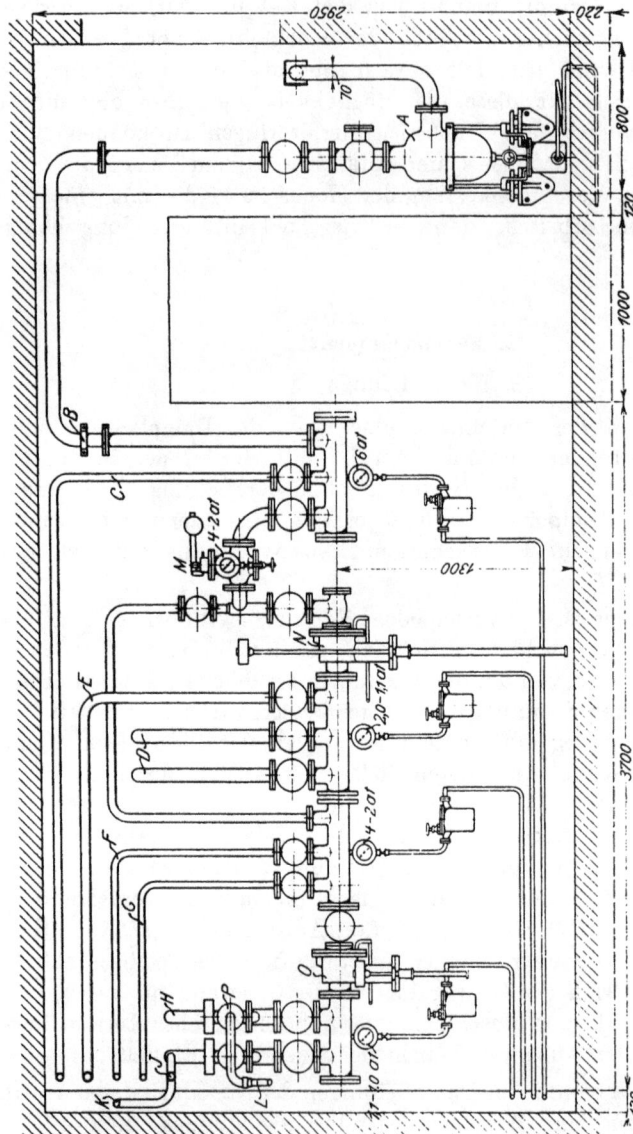

Fig. 4. Dampfverteiler im Maschinenraum.

A Wasserabscheider.
B Fixpunkt.
C Versuchsleitung zum Isolierraum.
D Leitung zu den Luftkesseln.
E Leitung zu dem Luftheizapparat.
F Leitung zur Warmwasserbereitung.

G Leitung zum Gegenstromapparat.
H Heizdampfleitung zur Versuchshalle.
I Heizdampfleitung zum Materialkeller.
K Heizdampfleitung zu den oberen Räumen.
L Auspuffleitung.

M Reduzierventil von Schäffer & Budenberg.
N } Reduzierventile von Käferle.
O }
P Sicherheitsventile.

An der Westseite des Maschinenraumes haben ein automatisch arbeitender Luftkompressor und ein zugehöriger Druckluftbehälter Aufstellung gefunden, von denen die zu Gebrauchs- und Versuchszwecken im Gebäude vorhandenen Temperaturregler der Firma »Gesellschaft für selbsttätige Temperaturregelung« (System Johnson) mit Druckluft versorgt werden. Neben den Fundamenten einer später zu montierenden Kühlanlage befindet sich eine Abwassergrube, die mit dem Kanalisationsnetz des Maschinenbau-Laboratoriums in Verbindung steht. Für die Zeiten, in denen infolge großer Abwassermengen aus der genannten Anstalt ein Rückstau des Abwassers möglich ist, wird der direkte Anschluß mittels Schiebers gesperrt und das Abwasser durch einen mit Druckwasser betriebenen Ejektor in einen 3 m hohen Überlauf gehoben, von dem es nun mit Hilfe des vergrößerten Gefälles in die Leitung abfließen kann.

Die in den Maschinenraum mündenden Gas- und Wasserleitungen sind an die städtischen Netze angeschlossen, während die Versorgung der Anstalt mit Elektrizität (220 Volt Gleichstrom) vom Maschinenbau-Laboratorium der Hochschule aus erfolgt.

3. Versuchshalle.

(S. Fig. 3, Raum 5.)

An den Maschinenraum grenzt unmittelbar die Versuchshalle. Sie stellt einen Raum von rund 60 m Länge und 5 m Breite dar und dient hauptsächlich zur Untersuchung lang ausgedehnter Anordnungen, wie Rohrleitungen usw. Transport und Montage schwerer Gegenstände werden durch einen von Hand zu betreibenden Laufkran für 2 t Maximallast erleichtert.

Ein Dampfverteiler in der Mitte der Längswand stellt beliebig gespannten Dampf von 6 bis herab auf nahezu 1 atm abs. für Versuchszwecke zur Verfügung.

Die bedeutsamste der zurzeit in der Halle untergebrachten Versuchseinrichtungen besteht in der großen Ventilationsanlage, die zur Untersuchung aller wesentlichen Teile einer praktischen Lüftungsanlage sowie auch zum Studium einer Reihe anderer für die Lüftungstechnik wichtigen Fragen zu dienen hat. Die Anlage hat, wie vorweg bemerkt werden soll, einige Änderungen namentlich in der Anordnung und Ausführung des Ventilators erfahren müssen, die, weil von allgemeinem Interesse, weiter unten zur Besprechung gelangen werden.

Die Bedingungen, die der Ausführung der Anlage zugrunde gelegt waren, gipfeln in folgenden Forderungen:

Lieferung von mindestens 24 000 cbm/std. bei 60 mm W. S. Gegendruck, Möglichkeit der einfachen und schnellen Umschaltung der Druckwirkung des Ventilators in Saugwirkung, Regelung der Lufttemperatur in weiten Grenzen ohne Beeinflussung der Luftmenge, Regelung der Luftmenge in bedeutendem Umfang ohne Beeinflussung ihrer Temperatur, Anordnung sämtlicher hierfür erforderlichen Meßinstrumente auf einer einheitlichen Schalttafel.

Die Anordnung der Anlage ist in Fig. 5 zur Darstellung gebracht. Die Außenluft tritt bei geöffneten Fenstern durch weitmaschige Drahtgitter A und durch die sägeförmig angeordneten Stoffilter B in die Luftkammer C. Im Fußboden dieser Luftkammer, die ebenso wie die Filterkammer mit Zement glatt verfugt und mit weißer Ölfarbe gestrichen ist, hängen vier genau gleich große mit durchgezogenen Röhren versehene Kessel DD, deren Konstruktion aus Fig. 6 ersichtlich ist. Zwei von diesen Röhrenkesseln können durch Dampf von 1,1 bis 2 atm Spannung erwärmt oder durch eine Kühlflüssigkeit gekühlt werden; die beiden anderen dienen nur als Körper gleichen Widerstandes und

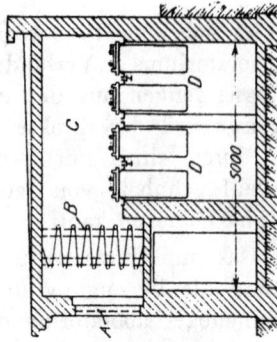

A Drahtgitter.
B Filter.
C Luftkammer.
D Luftkessel.
E Umschaltklappe.
F Ventilator.
G Lederbalg.
H Gleichrichtungsrohre.
I Umformeraggregat.
K Schalttafel.
L Antrieb der Kesselschieber.
M Laufkran.

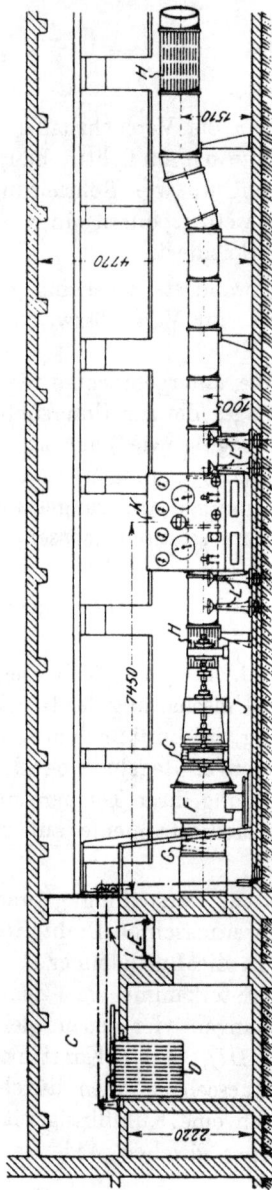

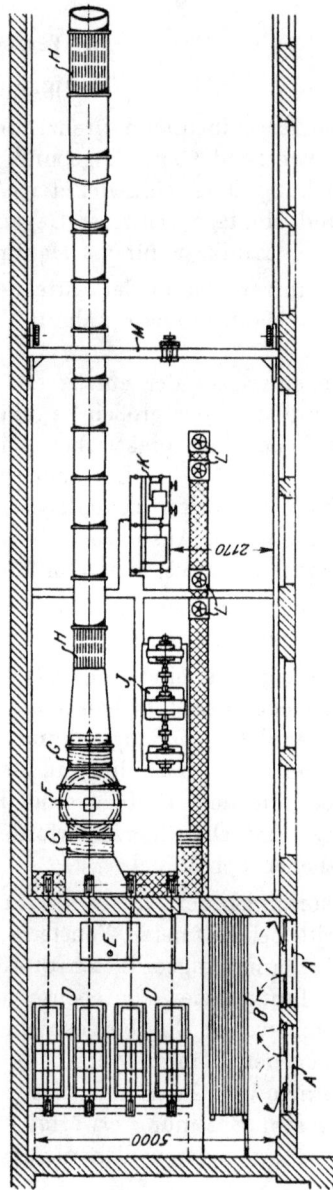

Fig. 5. Große Lüftungsanlage, erste Ausführung.

haben daher keinerlei Anschlüsse. Über dem oberen Boden eines jeden Kessels, in den die Rohre eingedrillt sind, befindet sich eine gußeiserne Grundplatte, die mit kreisrunden, genau der Rohrverteilung entsprechenden Ausbohrungen versehen ist. Auf der Grundplatte gleitet ein mit einer Messingplatte armierter, mit sorgfältig ausgeführten Schleifflächen versehener und von der Schalttafel durch Seiltrieb bewegter Schieber. Die Verbindung zwischen den Rohren und den Ausbohrungen der gußeisernen Platte bilden kurze Messing-Rohrstutzen, die den Luftweg schließen, aber dennoch eine Ausdehnung des Kessel-

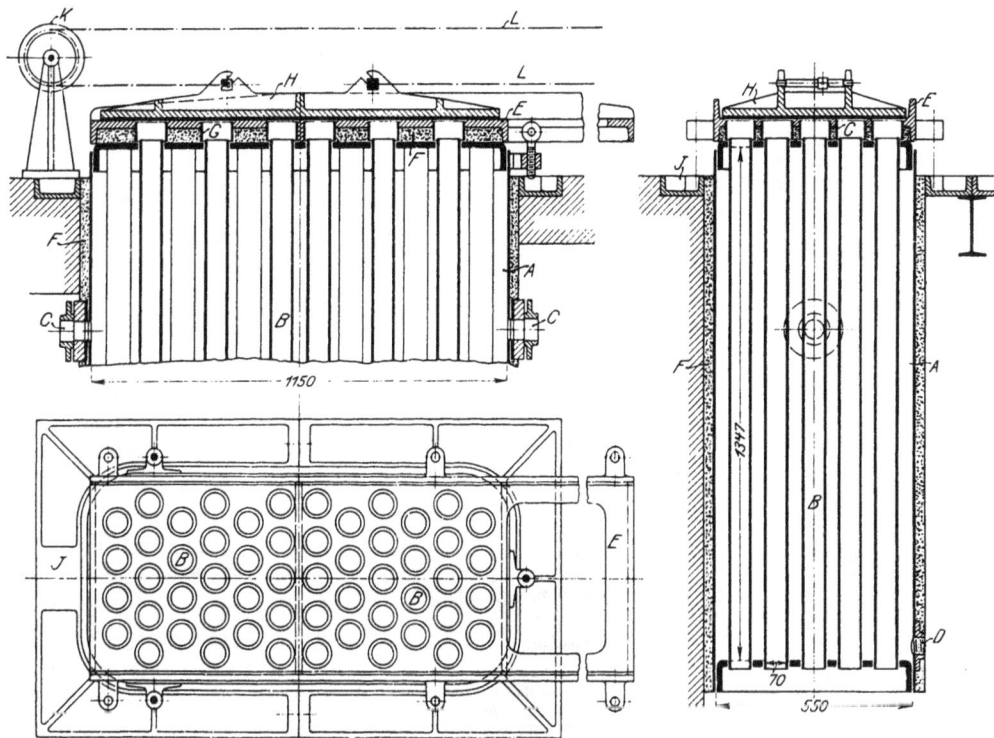

Fig. 6. Röhrenkessel zur Luftvorwärmung.

A Kessel.
B Luftrohre.
C Dampfeintritt.
D Kondenswasseraustritt.
E Schiebergrundplatte.
F Isolierung.
G Rohrhülsen.
H Schieber mit Messingplatte.
I Befestigungsrahmen.
K Seilrolle.
L Drahtseile.

bodens zulassen. Der Raum zwischen Boden und Platte ist mit Isoliermaterial ausgefüllt, das sich auch um die Messing-Rohrstutzen legt und diese genügend zur Abdichtung bringt.

Durch Betätigung der Schieber ist zunächst eine ganz bestimmte Rohrheizfläche bzw. ein ganz bestimmter Luftquerschnitt und dadurch eine ganz bestimmte Luftgeschwindigkeit einstellbar und in feinen Grenzen regelungsfähig. Werden nun die Schieber auf den geheizten und ungeheizten Kesseln gleichmäßig aber gegenläufig bewegt, so ändern sich wohl die Heizflächen und somit auch die Temperatur der Luft, doch bleiben der Luftquerschnitt und Widerstand, somit auch die Luftgeschwindigkeit nahezu konstant. Werden die Schieber

2

betätigt und gleichzeitig der Ventilator in seiner Umdrehungszahl beeinflußt, so lassen sich innerhalb weiter Grenzen beliebige Heizflächen, Temperaturen, Luftgeschwindigkeiten und Luftmengen einstellen oder in bestimmten Richtungen ändern.

Parallel zu den Kesseln ist noch ein mit einer von außen zu betätigenden Wechselklappe E ausgestatteter Umgehungsweg für die Führung der Luft nach dem Ventilator vorgesehen.

Der Ventilator F nebst Motor ist in die Rohrleitung achsial eingebaut, und durch eine Drehung des gesamten Apparates um 180°, die nach Lösung der Lederbälge GG vorgenommen werden kann, wird der Bedingung der einfachen Umschaltung der Ventilatorwirkung von Drücken in Saugen genügt.

Die gesamte Anlage kann von einer Schalttafel (Fig. 7) zentral bedient werden, wozu auf dieser folgende Fernmeßinstrumente angeordnet sind:

a) Ein Voltmeter A in Verbindung mit einem Voltmeterumschalter B und ferner zwei Ampèremeter C und D. Diese Apparate dienen zur Kontrolle von Strom und Spannung in den beiden Kreisen der nach dem Leonardsystem geschalteten Anlage (Fig. 8). Diese Schaltung wurde gewählt, weil sie durch Änderung der Ankerspannung des Ventilatormotors eine äußerst feinstufige Änderung der Tourenzahl ermöglicht, ohne erhebliche Energie in Widerständen nutzlos aufzuzehren,

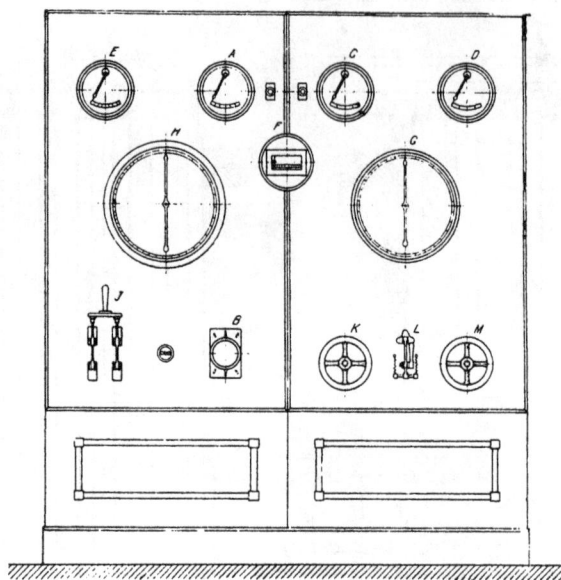

Fig. 7. Schalttafel.

A Voltmeter.	G Manometer.
B Voltmeterumschalter.	H Volumeter.
$\left.\begin{array}{c} C \\ D \end{array}\right\}$ Ampèremeter.	I Momenthebelschalter.
	K Ölanlasser.
E Ferntourenzähler.	L Handmagnetschalter.
F Fernthermometer.	M Regulierwiderstand.

b) ein Ferntourenzähler E, der die Spannung einer kleinen Wechselstromdynamo von konstantem Feld mißt, die mit der Ventilatorachse gekuppelt ist. Die Tourenzahl einer solchen Maschine ist direkt proportional ihrer Spannung, sodaß auf einem entsprechend geeichten Voltmeter die Umdrehungszahl des Ventilators abgelesen werden kann,

c) ein Fernthermometer F, bestehend aus einer in die Luftleitung eingebauten, in Quarzglas eingeschmolzenen Platinspirale, deren elektrischer Leitungswiderstand in engen Grenzen proportional der Temperatur zunimmt. Die Messung des Widerstandes geschieht nach dem Prinzip der Wheatstoneschen Brücke mittels eines empfindlichen Deprez-d'Arsonval-Zeigergalvanometers. Das Schaltungsschema zeigt Fig. 9, wozu bemerkt sei, daß mit Hilfe des Kontrollwiderstandes f durch den Regulierwiderstand r die Veränderlichkeit der Akku-

mulatorspannung ausgeglichen und unter Anwendung einer besonderen Null-
punktskorrektion ein genaues Arbeiten des Apparates erzielt werden kann,

d) ein Manometer *G* und ein Volumeter *H*. Das Manometer (System
Brabbée) überträgt den von einer Ser'schen Scheibe aufgenommenen Druck[1]
auf einen durch eine Sperrflüssigkeit von der Außenluft abgeschlossenen
Schwimmkörper und dieser setzt seine Bewegung mehrfach ver-
größert auf einen Zeiger um. Das Volumeter (System Dietzius-
Brabbée), das in Fig. 10 dar-gestellt ist, wird durch eine Stauscheibe[1] betätigt, die auf einen Doppel-Schwimmkörper wirkt. Die
Meridiankurve der inneren Begren-zungsfläche ist derart berechnet, daß
die prozentuale Genauigkeit der An-zeige über den ganzen Meßbereich

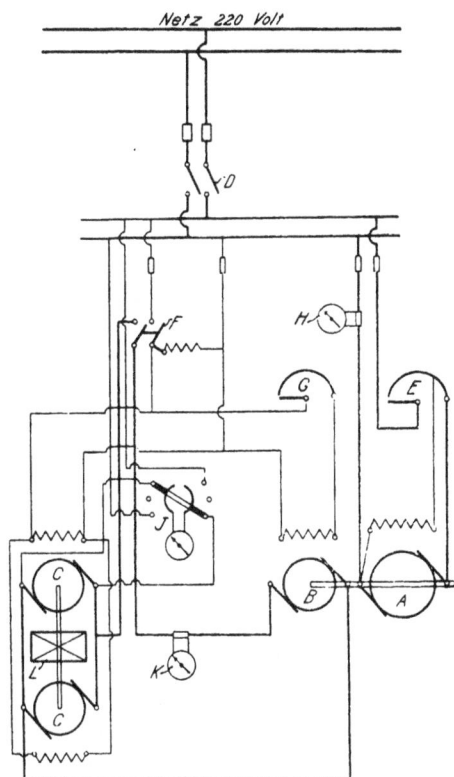

Fig. 8. Schaltungsschema der großen
Lüftungsanlage.

A Elektromotor, 45 PS
   n = 550.
B Dynamo.
C Ventilatormotore.
D Momenthebelschalter.
E Anlasser.
F Handmagnetschalter.

G Regulierwiderstand.
H Ampèremeter für Strom-kreis I.
I Voltmeter.
K Ampèremeter für Strom-kreis II.
L Ventilator.

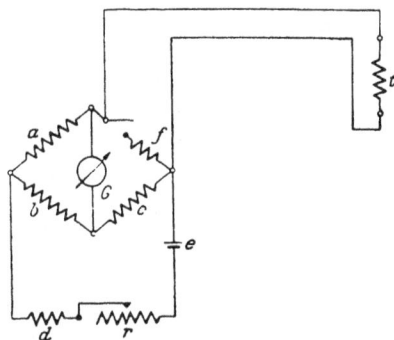

Fig. 9. Schema des Fernthermometers
von Siemens & Halske.

a
b } unveränderl. Brückenwiderstände.
c
t mit d. Temperatur veränderl. Widerstand.
d Vorschaltwiderstand.
f Kontrollwiderstand.
r Justierwiderstand.
e Akkumulator.
G Galvanometer.

nahezu konstant ist. Die empirisch geeichte Kreisskala hat daher eine logarith-
mische Teilung, und zwar derart, daß einer jeweiligen Volumenänderung von
1% ein Zeigerausschlag von 4 mm (im Mittel) entspricht.

[1] Seit Oktober 1909 wird das mit geändertem Schwimmer versehene, weiter
unten besprochene Volumeter durch ein neues Meßinstrument »Staurohr« betätigt,
an dessen äußerem Mantel gleichzeitig das Manometer angeschlossen ist. Siehe
hierüber die folgende Abhandlung: Bestimmung der Geschwindigkeit und des Druckes
bewegter Luft in Rohrleitungen«.

Wie bereits erwähnt, hat die vorbeschriebene Anlage den gestellten Forderungen nicht voll entsprochen, sodaß nachträgliche Änderungen sich als nötig erwiesen. Es ergaben nämlich Messungen mit der Stauscheibe[1]), daß der Ventilator anstatt der verlangten 24 000 cbm/std. nur rd. 10 000 cbm/std. gegen einen Druck von 60 mm W. S. lieferte, da der Luftstrom eine stark schraubenförmige Bewegung aufwies und dadurch in den Gleichrichtungsröhren *HH* (Fig. 5) bedeutende Wirbelverluste hervorrief.

Zur Vermeidung dieses Übelstandes wurde hinter das Laufrad ein schmiedeiserner Leitschaufelkranz eingebaut, der die Luftfäden achsial richten sollte. Die geförderte Luftmenge war zwar jetzt größer, jedoch ergab die Aufnahme der Geschwindigkeitsverteilung über den Querschnitt mittels der Stauscheibe sowohl in der horizontalen als auch in der vertikalen Richtung eine sehr störende Ungleichmäßigkeit. Erst nach Einschaltung eines Filters aus feinem Musselin wurde eine befriedigende Geschwindigkeitsverteilung erzielt, doch sank gleichzeitig die geförderte Luftmenge wieder auf etwa 10 000 cbm/Std. herab. Da trat die Vermutung hervor, daß ein in die zweite Hälfte der Rohrleitung zu ihrer für Versuche erforderlichen Höherführung eingebautes Knie die große Ungleichförmigkeit verursache, weshalb es zunächst, sowie auch das Musselinfilter, entfernt wurde. Die nunmehr eingetretene Geschwindigkeitsverteilung ist in Fig. 11 dargestellt. Die Punkte gleicher Geschwindigkeit sind hier nach Art der Niveaulinien eines Geländes zu Kurven verbunden. Ein Blick auf die Figur läßt deutlich, um im Bilde zu bleiben, zwei Berge und ein zwischen ihnen liegendes tiefes Tal erkennen.

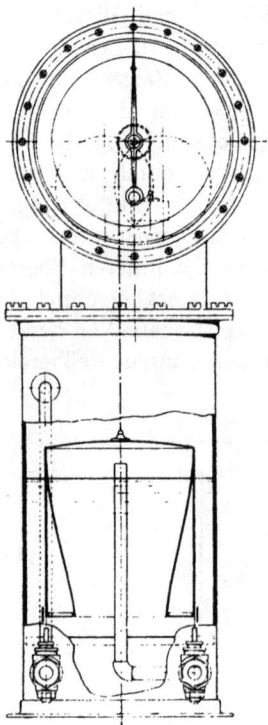

Fig. 10. Volumeter System Dietzius-Brabbée.

Aus diesem Umstand war zu folgern, daß die Ursache der störenden Erscheinungen im Ventilator selbst liegen müsse. Die Vermutung fand Bestätigung durch die zunächst versuchte Abänderung des Ventilators derart, daß unter Aufgabe des achsialen Einbaues das vorhandene Zentrifugalrad in das übliche schneckenförmige Gehäuse (Diffusor) eingesetzt wurde. Der Ventilator förderte nunmehr, trotzdem noch 3,6 m vom Ende der Rohrleitung zwei Messingdrahtnetze eingebaut worden waren, die verlangte Luftmenge, auch war die Geschwindigkeitsverteilung im horizontalen Durchmesser fast völlig gleichmäßig, während die im vertikalen Durchmesser Abweichungen von nur ± 3% aufwies.

---

[1]) Diese Messungen sind ebenso wie die folgenden dieser Abhandlung mit der Stauscheibe ausgeführt worden, da diese zur Zeit der Versuche das übliche und allseits anerkannte Meßinstrument war. Ebenso sind die später angeführten Messungen des statischen Druckes nach der damals üblichen Anordnung, d. i. mittels glatter Rohranbohrungen bzw. Se r'scher Scheiben erfolgt. Siehe hierüber die folgende Abhandlung: >Bestimmung der Geschwindigkeit und des Druckes bewegter Luft in Rohrleitungen.‹

Alle diese Beobachtungen deuteten darauf hin, daß der achsiale Einbau eines Zentrifugalventilators wesentliche Verluste mit sich bringt, und daß auf die Anordnung eines Diffusors nicht verzichtet werden kann.

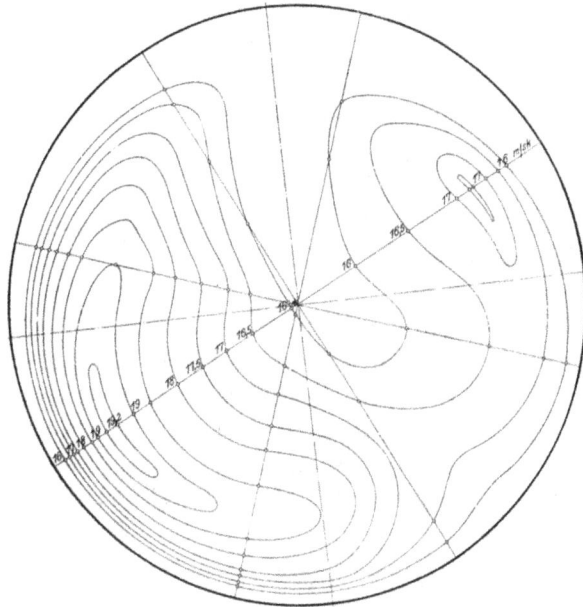

Fig. 11. Geschwindigkeitsverteilung über den Querschnitt
des Rohres 800 mm φ.

Auf Grund dieser Erfahrungen wurde in den Sommermonaten 1908 ein neuer Ventilator eingebaut, dessen Zentrifugalrad, wie Fig. 12 zeigt, aus zwei durch eine Kuppelung verbundenen Teilen besteht, von denen ein jeder durch einen besonderen Motor angetrieben wird.

Durch die neue Konstruktion des Ventilators mußte die an ihn sich anschließende Rohrleitung gehoben werden, wodurch das in der ersten Anordnung enthaltene Knie entfallen konnte. Durch Anordnung des Druck- und Saugstutzens in gleicher Höhe ist durch Drehung des Ventilatorgehäuses um 180⁰ die Forderung der leichten Umgestaltung der Druckwirkung in Saugwirkung auch bei dieser Ausführung ohne Schwierigkeit erfüllt.

Die gesamte nunmehr als endgültig anzusehende Anlage ist in Fig. 13 zur Darstellung gebracht, die Ergebnisse ihrer Abnahme, die sich mit den gestellten Forderungen decken, waren folgende:

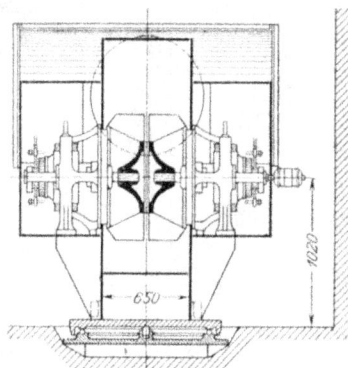

Fig. 12.
Schnitt durch den Doppelventilator.

Luftförderung Q . . . . 27 000 cbm/std.

Geschwindigkeit im 800 mm weiten Rohr v 14,9 m/sek.

Statische Druckdifferenz zwischen Saugraum

und Druckstutzen hs . . . . 70,5 mm W. S.

Geschwindigkeitshöhe hd . . . . 13,5 mm W. S.

Gesamtdruck $H = hs + hd$ . . . . . . 84,0 mm W. S.

Effektive Leistung des Motors in PS (elektrisch

gemessen) N_e . . . . 16,3 PS

Wirkungsgrad des Ventilators η:

$$\eta = \frac{QH}{3600 \cdot 75 N_e} = 52\%.$$

Die horizontale und vertikale Geschwindigkeitsverteilung der Luft 2,3 m hinter der Ventilatorachse zeigt Fig. 14, die 1,7 m vor dem Ende der Rohr-leitung Fig. 15.

Die gesamte Anlage hat sich nach jeder Richtung bewährt und dürfte in mehrfacher Beziehung als Vorbild für die Ausführung von Lüftungsanlagen angesehen werden können. Ihre hauptsächlichsten Merkmale sind:

Zusammenziehen einer großen, sehr wirksamen Heizfläche in Gestalt von Luftröhrenkesseln, Steigerung der Wärmeabgabe durch Vergrößerung der Luftgeschwindigkeit, Änderung der Temperatur gleichbleibender Luftmengen

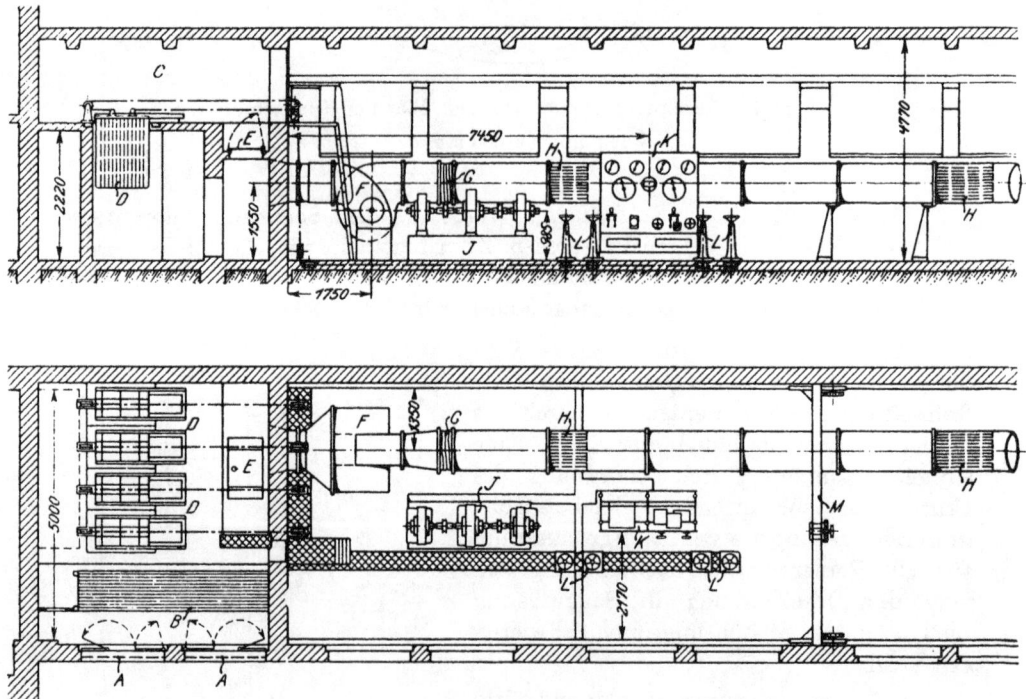

Fig. 13. Große Lüftungsanlage, endgültige Ausführung.

A Drahtgitter.	E Umschaltklappe.	I Umformeraggregat.
B Filter.	F Ventilator.	K Schalttafel.
C Luftkammer.	G Lederbalg.	L Antrieb der Kesselschieber.
D Luftkessel.	H Gleichrichtungsrohre.	M Laufkran.

lediglich durch Mischen entsprechender Mengen erwärmter und unerwärmter Luft, Ausschaltung von Heizfläche behufs Verringerung der Temperatur gleichbleibender Luftmengen lediglich durch Verweisen der unerwärmten Luft bis zu ihrem Mischen mit der erwärmten Luft auf Wege gleichen Widerstandes, übersichtliche und zentrale Anordnung aller Fernmeßapparate und Bedienungsvorrichtungen auf einer Schalttafel.

4. Vorraum.
(S. Fig. 3, Raum 6.)

In dem an die Halle anschließenden kleinen Raum Nr. 6, der gleichzeitig zum Einbringen von schweren Gegenständen zu dienen hat, deren Transport in der Halle mittels des Laufkrans erfolgen muß, hat der in den Fig. 16 a und b dargestellte Kubizier-apparat der Firma S. Elster zur Eichung von Anemometern Aufstellung gefunden.

Der Apparat[1]), der seitens der »Prüfungsanstalt« noch einige Ergänzungen erfahren hat, besteht aus einer durch Wasser von der Atmosphäre abgeschlossenen Gasometerglocke A von 1,5 cbm Inhalt, die mittels einer über zwei Rollen geführten Gallschen Kette durch veränderliche Wasser- und Gewichtsbelastung mit beliebig einstellbaren Geschwindigkeiten gehoben und gesenkt werden kann. Die Führung der Glocke erfolgt möglichst reibungslos durch vier Röllchen D, die auf zwei am Außenzylinder B befestigten Stangen entlang laufen. Der in der Glocke herrschende Druck kann an einem in Augenhöhe befindlichen Manometer E abgelesen werden; da die Geschwindigkeit des Systems dem jeweiligen Drucke entspricht, so dient er als Maßstab zur Einstellung der Geschwindigkeitsstufen. Aus Festigkeits-

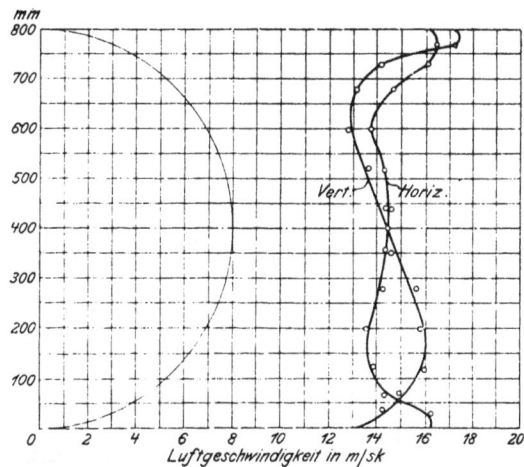

Fig. 14. Geschwindigkeitsverteilung über den Rohrdurchmesser hinter dem Ventilator.

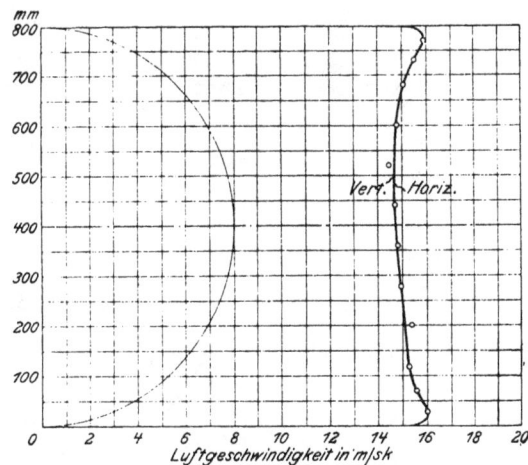

Fig. 15. Geschwindigkeitsverteilung über den Rohrdurchmesser vor dem Rohrende.

[1]) Siehe auch die folgende Abhandlung: »Bestimmung der Geschwindigkeit und des Druckes bewegter Luft in Rohrleitungen.«

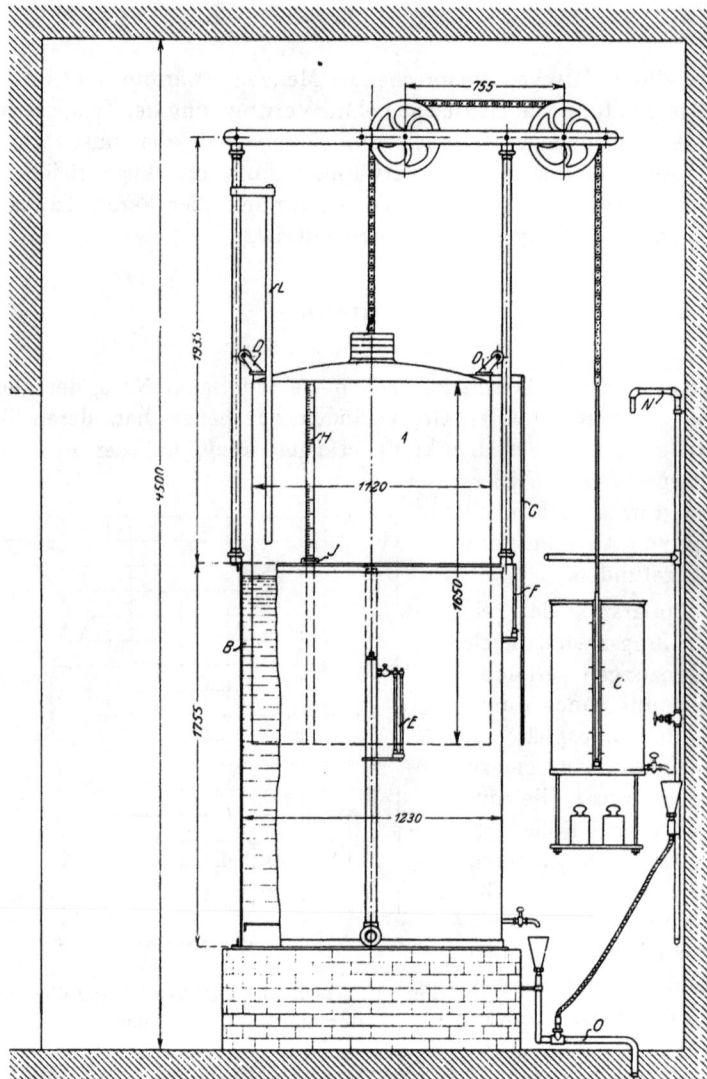

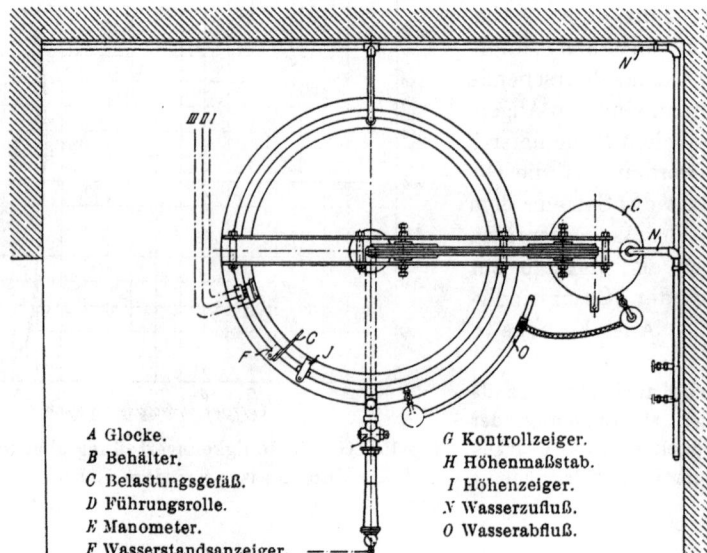

A Glocke.
B Behälter.
C Belastungsgefäß.
D Führungsrolle.
E Manometer.
F Wasserstandsanzeiger.

G Kontrollzeiger.
H Höhenmaßstab.
I Höhenzeiger.
N Wasserzufluß.
O Wasserabfluß.

Fig. 16a.   Kubizierapparat.

rücksichten darf der Druck die Grenze von ± 80 mm W. S. nicht überschreiten. Ein Vergleich des Wasserstandes F mit einem unmittelbar daneben gleitenden Kontrollzeiger G, dessen Unterkante mit dem unteren Glockenrand in gleicher Höhe liegt, läßt den Beobachter stets erkennen, wie tief die Glocke eintaucht, sodaß er durch rechtzeitiges Aufheben der Bewegung ein Austauchen der Glocke verhindern kann.

Da der Zweck des Apparates eine vollständig gleichmäßige Bewegung erfordert, so muß der wachsende, eine Verzögerung bewirkende Auftrieb der Glocke, mit dem eine Beschleunigung bewirkenden Gewicht des verschobenen Kettenteiles, ausgeglichen werden. Bezeichnet l die Verschiebung des Systems in dcm, q das Kettengewicht in kg/dcm Länge, f den Eisenquerschnitt der Glocke in qdcm, so muß $fl = 2\,ql$ oder $q = \frac{1}{2} f$ sein.

Daß der Ausgleich tatsächlich genau erreicht wird, d. h. daß die Glocke (von der Beschleunigungs- und Verzögerungsperiode am Beginn bzw. Ende der Bewegung abgesehen) in gleichen Zeiten gleiche Wege zurücklegt, wurde mittels eines am Außengefäß B befestigten Schiebers J festgestellt, vor dem ein an der Glocke befestigter Höhenmaßstab H entlanggleitet.

Die Verbindung mit dem Innern der Glocke wird durch ein Rohr hergestellt, an dessen Ende (70 mm l. W.) ein mit elektrischer Schaltvorrichtung versehenes Anemometer mittels Flansches befestigt wird. Nachdem durch

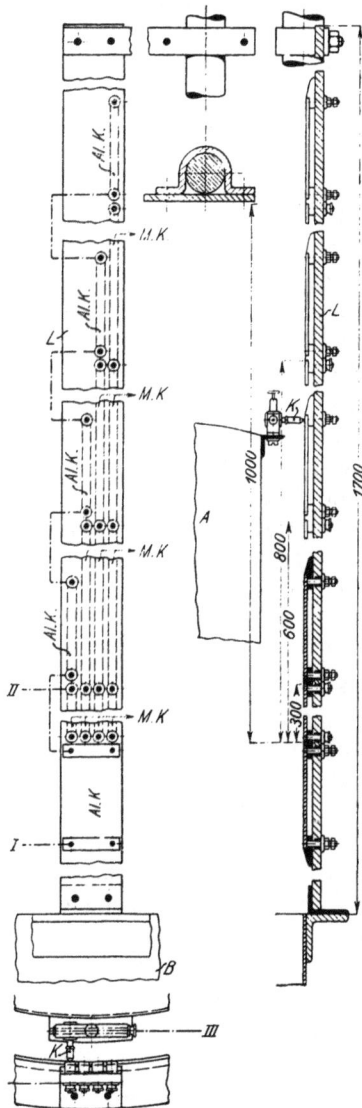

Fig. 16b. Detail z. Kubizierapparat.

A Glocke.
B Behälter.
K Kontaktstift.
Al. K Alarmkontakt.
M. K Meßkontakt.
L Befestigungsschiene.
I-III Alarmstrom.
II-III Meßstrom.

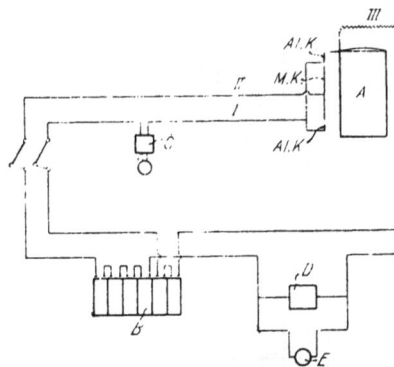

Fig. 17. Schaltungsschema zum Kubizierapparat.

A Glocke.   Al. K Alarmkontakt.
B Batterie.   M. K Meßkontakt.
C Alarmklingel.   I-III Alarmstrom.
D Chronograph.   II-III Meßstrom.
E Anemometer.

geeignete Belastung der gewünschte Über- bzw. Unterdruck hergestellt ist, wird durch Öffnen eines im Luftwege befindlichen Hahnes die Bewegung der Glocke eingeleitet und durch letztere automatisch die Meßvorrichtungen ausgelöst.

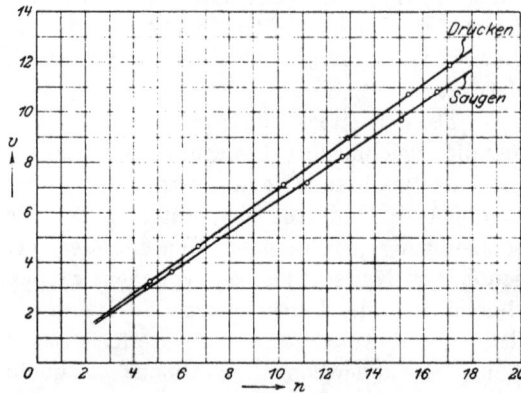

Fig. 18. Anemometereichkurven.

Hierzu ist an der Glocke ein Kontaktstift K befestigt, der je nach seiner Stellung auf einer der vier parallelen vertikalen Kontaktschienen $Al. K.$ bzw. $M. K.$ entlanggleitet. Er schaltet am Anfang und Ende jeder Bewegung durch die Alarmkontakte $(Al. K.)$ ein Klingelwerk, dazwischen durch einen der vier Meßkontakte $(M. K.)$ die Elektromagnete des Anemometers und eines Chronographen gleichzeitig ein. Die Alarmkontakte sind so lang, daß das System sich an ihrem Ende im Beharrungszustand befindet. Die Länge der vier Meßkontakte, die genau den Volumina von 300—600—800—1000 l entsprechen, sind durch Wassereichung bestimmt. Die Abmessungen des Chronographen sind derart gewählt, daß 1 mm Strichlänge einer Sekunde entspricht.

Die Einrichtung, deren Schaltungsschema Fig. 17 zeigt, gestattet, Anemometer von 70 mm l. W. bis zu 12 m/sek. Windgeschwindigkeit zu eichen.

Entsprechend dem Steigen und Sinken der Glocke wechselt eine Aufnahme für Saugen stets mit einer solchen für Drücken; die Eichkurven für beide Benutzungsarten weichen, durch die Bauart der Anemometer bedingt, erheblich voneinander ab und müssen daher getrennt verzeichnet werden.

Die Kurven haben, wie Fig. 18 zeigt, die Form $v = a + b\,n$, worin a die Trägheitskonstante des Anemometers bedeutet, d. i. die Windgeschwindigkeit, bei der das Anemometer sich zu drehen anfängt.

Die Umdrehungszahl eines Anemometers ist eine Funktion des Arbeitsvermögens $\frac{v^2}{2\,g}\gamma$ der bewegten Luft, wobei

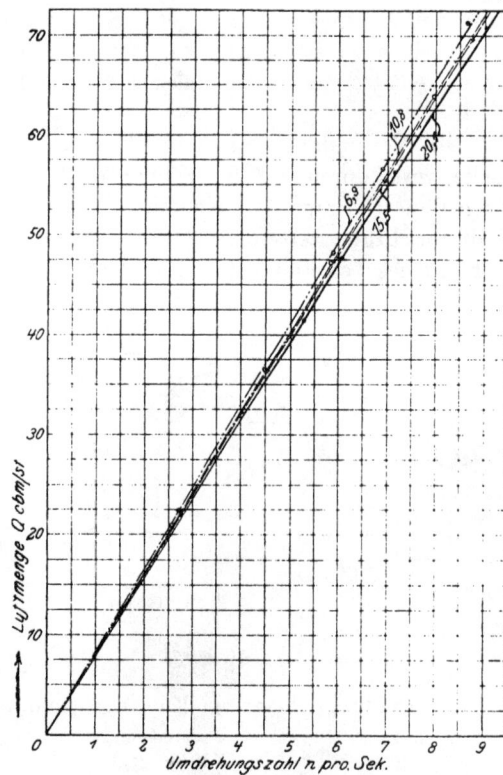

Fig. 19. Einfluß der Temperatur auf die Anemometereichung.

v die Luftgeschwindigkeit in m/sek.,

g die Beschleunigung der Schwere,

γ das spezifische Gewicht der Luft in kg/cbm

bedeutet.

Da γ mit der Temperatur und dem Barometerstand veränderlich ist, mußte der Einfluß dieser Größen untersucht werden.

Aus Fig. 19 geht hervor, daß die Abweichungen zwischen 6,9 und 20,1° C. unverhältnismäßig groß sind, d. h. nahezu 5 % betragen und entgegengesetzt dem theoretischen Temperatureinfluß liegen. Daraus ergibt sich, daß diese Abweichungen nicht durch das spezifische Gewicht, sondern durch Änderung der Reibungsverhältnisse hervorgerufen werden.

Aus Fig. 20 ist zu ersehen, daß die an demselben Ort praktisch vorkommenden Barometerstandsänderungen keine wesentliche Verschiebung der Eichwerte hervorrufen.

Der Einfluß der Luftfeuchtigkeit auf die obigen Größen, der auch vorhanden sein wird, ist nicht untersucht worden, da er jedenfalls geringer als der barometrische ist.

Aus den Untersuchungen folgt, daß Anemometer für exakte Versuche stets bei der Temperatur und annähernd bei dem mittleren Barometerstande des Verwendungsortes zu eichen sind.

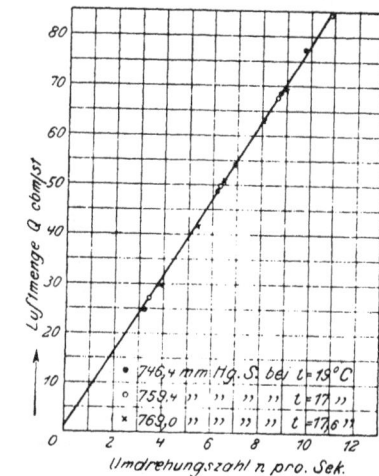

Fig. 20. Einfluß des Barometerstandes auf die Anemometereichung.

5. Materialienraum.

(S. Fig. 3.)

Im Untergeschoß befindet sich noch der Materialienraum (Raum 1) mit einer kleinen Werkstätte und Stube für den Maschinenwärter (Raum 3). Ersterer Raum dient in der Hauptsache als Lagerstätte für Vorratsmaterialien und ausgebaute Versuchsapparate. Jedoch sind Vorrichtungen getroffen, um späterhin auch Heizversuche mit Warmwasser- und Niederdruckdampfkesseln möglich zu machen. Der zum Reservebetrieb der Warmwasserheizung der Anstalt dienende Strebelkessel hat bereits jetzt hier Aufstellung gefunden.

6. Bureauräume.

(S. Fig. 3)

Der linke Flügel des Erdgeschosses enthält die Bureauräume 7, 8 und 10 sowie den Übungsraum für Studierende (9); letzterer dient auch als Assistentenzimmer und als Arbeitsraum zur Durchführung kleinerer Versuche wie Eichung von Thermometern, Thermoelementen, Mikromanometern usw.

In diesem Gebäudeflügel befinden sich ferner die Registratur, die Sammlung aller Versuchsprotokolle und Zeichnungen, die Bücherei samt allen einschlägigen Zeitschriften, und weiters sind hier die sämtlichen Meßinstrumente, Wagen, Chemikalien und Glasgegenstände untergebracht.

7. Isolierraum.
(S. Fig. 3, Raum 13.)

Den rechten Flügel des Erdgeschosses nimmt der »Isolierraum« ein, der vorzugsweise wärmetechnischen Untersuchungen zu dienen hat. Aus diesem Grunde ist er in seinem ganzen Umfang mit einem Vorraum versehen, der die bei den Versuchen störenden Einflüsse der Außenluft möglichst beseitigen soll und in dem daher auch die Einrichtungen der Beheizung und Beleuchtung, der Dampfverteiler, die Dampf- und Warmwasserzuleitungen sowie die elektrischen Regulierwiderstände untergebracht sind.

In dem Isolierraum hat die bereits in der alten Anstalt bewährte Versuchsanordnung zur Bestimmung der Wärmeabgabe von Dampf- und Warmwasserheizkörpern Aufstellung gefunden. Da diese im Gesundheits-Ingenieur 1896 No. 20 beschrieben ist und nur geringfügige Änderungen erfahren hat, so sollen an dieser Stelle nur die wichtigsten Punkte hervorgehoben werden.

Zunächst sei die Prüfung von Dampfheizkörpern besprochen. Der hierzu notwendige Dampf wird direkt dem Hochdruckverteiler des Maschinenraumes mit 6 atm abs. entnommen, durch einen Wasserabscheider geleitet und mittels einer vollständig geschweißten Verteilungsleitung einer im Vorraum befindlichen Reduzierstation mit 3 Spannungsgruppen, deren Grenzen zwischen 6 und 4, 4 und 2,5, sowie 2,5 und 1,01 atm abs. liegen, zugeführt. Durch eine eigenartige Ventilanordnung ist dafür gesorgt, daß auch das über dem Isolierraum befindliche Obergeschoß in unabhängiger Weise Dampf beliebiger Spannung erhalten kann. In der zu dem Versuchskörper führenden, vorsichtig entwässerten Leitung befinden sich die Verschraubungen für ein Wassermanometer P, ein Federmanometer O, ein Thermometer Q sowie für den Anschluß einer Umgehungsleitung (Taf. 5), die dazu dient, vor Einschaltung des Heizkörpers die Versuchseinrichtung auf den Beharrungszustand zu bringen. Der zu prüfende Heizkörper wird mittelst vor Wärmeverlusten tunlichst geschützten Bleiröhren einerseits an die Dampfzuführung, andererseits an die Leitung zum Wägegefäß des Kondensats angeschlossen.

Vor dem Versuch wird die Umgehungsleitung benutzt, während des Versuches strömt Dampf und Kondensat vom Heizkörper direkt zum Wägegefäß und für die Dauer der Wägungen wird das Kondensat unmittelbar abgeleitet. Entgegen der alten Anordnung sind hier die beiden Anschlüsse des Gefäßes durch Verschraubungen, die Dichtungen durch Metallkonen hergestellt, (Schnitt $a\,b$ Tafel 5) so daß durch Betätigung eines Handrades das Lösen bzw. Schließen der Verbindungen nur wenige Sekunden erfordert. In Rücksicht auf die zur Verschraubung notwendige achsiale Verschiebung sind die Leitungen elastisch gelagert, bezw. Metallschläuche angewendet. Das Wägegefäß selbst ist mit einem doppelten Luftmantel und 55 mm starker Umhüllung aus Rohseide gegen Wärmeleitung und mit einem hochglanzpolierten Mantel aus vernickeltem Eisenblech gegen Wärmestrahlung geschützt. Es ruht — ermöglicht durch eine Durchbrechung des Fußbodens — auf der an der Decke des Maschinenraumes montierten Wage, die bei einer Empfindlichkeit von 2 g für ein Wägegut von 2 kg eine Genauigkeit von 0,1 % besitzt.

Die Anfangsspannung p_e des Dampfes wird je nach ihrer Höhe entweder durch ein an der Seitenwand montiertes 3 m hohes Wassermanometer oder ein geeichtes Zeigermanometer von Schäffer & Budenberg, die Eintrittstemperatur t_e durch ein geeichtes Thermometer gemessen. Um bei Dampf-Wassermanometern die Störung der Beobachtung durch das zufließende Kondensat auszuschließen, sind die Instrumente mit einem Überlauf versehen, unter dessen Einfluß der Nullpunkt der genau einstellbaren Skala stets unverändert bleibt. Bei dem erwähnten Manometer sind zwei Überläufe angeordnet von denen der eine für den Meßbereich bis 1,5 m, der andere bis 3 m W. S. zu benützen ist.

Ferner wird durch geeichte Thermometer die Dampftemperatur t_a im Meßgefäß, die Temperatur des Kondensats t_c, die Raumtemperatur t_z und durch ein zweites kleines Wassermanometer die Dampfaustrittsspannung p_a gemessen, wozu bemerkt sei, daß zur richtigen Berücksichtigung der Fadenkorrektionen weitere Thermometer die Temperaturen der herausragenden Quecksilberfäden erkennen lassen.

Bezeichnet:

Q die stündliche Kondensatmenge in kg,

r die der mittleren Temperatur $\frac{t_e + t_a}{2}$ entsprechende Verdampfungswärme,

c die spezifische Wärme des Wassers für die mittlere Temperatur $\frac{t_a + t_c}{2}$,

so ist die stündliche Wärmeabgabe der Anordnung in WE

$$Q\,[r + c\,(t_a - t_c)].$$

Für die weitaus meisten Versuche wird die Abkühlung des Kondensats derart klein, daß sie gegenüber der Verdampfungswärme zu vernachlässigen ist, wodurch sich der Ausdruck für die Wärmeabgabe in $Q\,r$ vereinfacht.

Bezeichnet W_1 die stündliche Wärmeabgabe der Versuchsanordnung ohne Heizkörper, d. h. lediglich der Verbindungsleitungen des Heizkörpers, W_2 die stündliche Wärmeabgabe mit Zwischenschaltung des Heizkörpers, so ist die des Heizkörpers selbst

$$W = W_2 - W_1.$$

Der Wert für W ergibt sich als Mittelwert aus 3—4 je einstündigen Versuchen, bei denen die Ablesungen der Temperaturen und Spannungen alle 10 Minuten, die Bestimmung der Kondensatmenge zu Anfang und zu Ende eines jeden Versuches erfolgt.

Der Transmissionskoeffizient k ergibt sich dann aus der bekannten Formel

$$W = F k \left(\frac{t_e + t_a}{2} - t_z \right)$$

worin F die Oberfläche des Heizkörpers in qm bedeutet.

Wesentlich einfacher ist die Untersuchung von Warmwasserheizkörpern, da sich hier die abgegebene Wärmemenge einfach als Produkt der stündlich durchfließenden, genau auf gleiche Größe und gleiche Eintrittstemperatur t_e gehaltenen Wassermenge G und der Differenz zwischen der Ein- und Austrittstemperatur $t_e - t_a$ ergibt. Aus der Formel

$$W = G\,(t_e - t_a)$$

rechnet sich unter Berücksichtigung der Raumtemperatur t_z und der Heizkörperoberfläche F (qm) der Transmissionskoeffizient nach der Gleichung:

$$k = \frac{W}{F \cdot \left(\frac{t_e + t_a}{2} - t_z \right)}.$$

Das Gewicht G des durch den Heizkörper strömenden, in einem Reservoir auf-
gefangenen Wassers wird mit Hilfe einer im Maschinenraum befindlichen Dezi-
malwage auf 0,5 % genau gemessen und die Ein- und Austrittstemperaturen
t_e und t_a unmittelbar vor und hinter dem Heizkörper durch geeichte Thermometer unter Berücksichtigung der Fadenkorrektionen bestimmt. Die Einhaltung
gleichbleibender Wassergeschwindigkeit und Wassertemperatur bei einem Versuch wird durch besondere Einrichtungen im Obergeschoß der Anstalt ermöglicht, die weiter unten zur Besprechung kommen.

Als eine weitere ständige Einrichtung der Prüfungsanstalt enthält der Isolierraum noch eine Lüftungsanlage zur Untersuchung der Oberflächentemperatur
und Wärmeabgabe von Heizkörpern bei Anwendung hoher Luftgeschwindigkeiten. Die bereits aufgenommenen diesbezüglichen Studien bleiben einer
späteren Veröffentlichung vorbehalten.

Die Anordnung der Lüftungsanlage ist folgende:

Die Außenluft wird durch einen mittelst Klappe verschließbaren Blech-
kanal und einem mit einem Heizkörper, ähnlich dem System Sturtevant,
versehenen Luftheizapparat (Tafel 6) von einem elektrisch betriebenen Ventilator
im Maschinenraum angesaugt und durch ein 380 mm weites Rohr in den Isolierraum gedrückt. Bezüglich der Konstruktion des Luftheizapparates ist zu
bemerken, daß jedes einzelne vertikale System der Heizspiralen mittels Ventils
absperrbar ist, und die Ventilspindeln bis nach dem Isolierraum verlängert sind,
sodaß dort nach Maßgabe einer Fernthermometeranlage die Vorwärmung der
Zuluft um maximal + 45 ° C eingeregelt werden kann. Das gesamte Heiz-
schlangensystem ist auf einem Eisengestell fahrbar montiert, so daß nach Lösen
der Dampf- und Kondenswasseranschlüsse das Rohrsystem herausgezogen und
durch andere Heiz- oder auch Kühlkörper ersetzt werden kann.

Drei Konsolen aus Winkeleisen oberhalb der Dampfspiralen dienen zur
Aufnahme von Messingnetzen bezw. geschichteten Filtern, die an dieser Stelle
auf ihren Widerstand untersucht werden können.

Mit dem Luftheizapparat ist durch einen Lederbalg der Ventilator verbunden, der von dem bereits früher erwähnten Hauptmotor in der Versuchshalle mit Hilfe eines nach dem Leonardsystem geschalteten Generators und
Motors angetrieben wird. Der Ventilator, der von einer Schalttafel vom Isolierraum aus bedient werden kann, fördert Luftmengen bis 8000 cbm/std.
gegen Drücke bis zu 50 mm W. S. Die Feldstärke des Generators wird durch
zwei Vorschalt- und einen feinstufigen Regulierwiderstand, die wie bereits besprochen, im Vorraum angebracht sind, entsprechend geregelt.

Da der Ventilator trotz der Vorschaltwiderstände unter eine bestimmte
minimale Luftförderung nicht herunterkommt, diese aber für kleine Versuchs-
körper noch zu große Luftgeschwindigkeiten liefert, kann die direkte Verbindung
des im Isolierraum mündenden Ventilatorrohres mit dem Versuchsrohr gelöst
und nunmehr durch Einblasen bestimmter Luftmengen in den möglichst dicht
abgeschlossenen Isolierraum ein Überdruck bis maximal 30 mm W. S. erzeugt
werden, sodaß die Luftlieferung durch das Versuchsrohr unter diesem letzteren
Einfluß erfolgt. Die Größe des Überdruckes ist zunächst durch die Tourenzahl des Ventilators, weiter aber durch Öffnen der Klappen der in den vier
Ecken des Isolierraumes befindlichen Luftschächte einzustellen, wodurch die notwendigen kleinen Luftgeschwindigkeiten erreicht werden. Da bei dem maxi-

malen Überdruck im Raum die Fensterscheiben platzen würden, so können die Fenster mit Holzläden fest verschlossen werden, in denen zum Lichteinfall Glasscheiben mit Drahteinlage vorgesehen sind.

Für feinere Messungen, für die die Instrumente der Schalttafel nicht ausreichen, dient ein Meßtisch mit Präzisions-Volt- und Ampèremeter, von denen letzteres durch einen Feußner'schen Nebenschluß für die verschiedenen Meß-bereiche außerordentlich handlich eingerichtet ist.

Da das vom Ventilator vertikal nach dem Isolierraum führende Rohr nach seinem Eintritt daselbst für die Anordnung einer horizontalen Leitung ein Knie erhalten mußte, so sind in dieses zur möglichsten Unterdrückung von Wirbeln und zur Erzielung der für Meßzwecke notwendigen gleichmäßigen Geschwindigkeitsverteilung Leitbleche, außerdem im anschließenden geraden Rohr Gleichrichtungsröhren und kurz dahinter zwei Messingnetze eingebaut, welche Maßnahmen tatsächlich eine brauchbare Geswindigkeitsverteilung ergeben haben. An die horizontale Leitung wird nun der jeweilige Versuchs-körper angeschlossen und dieser durch Metallschläuche einerseits mit den Dampf- bezw. Warmwasserleitungen, anderseits je nach Bedarf entweder mit der zur Bestimmung der Wärmeabgabe der Heizkörper vorgesehenen Wägevor-richtung des Kondenswassers oder unmittelbar mit den Kondenstöpfen bezw. mit der Wägevorrichtung des abfließenden Versuchswassers verbunden.

Die den Versuchskörper verlassende Luft entweicht durch eine sich an-schließende Kanalanlage nach außen.

Da gewisse in Aussicht genommene Versuche auch bei der vorstehend beschriebenen Anordnung ein Umschalten der Druckwirkung des Ventilators in Saugwirkung wünschenswert erscheinen lassen, so kann, wie die auf Tafel 6 punktiert gezeichnete Anordnung zeigt, der Druckstutzen des Ventilators mit der Außenluft und der Saugstutzen durch den Luftheizapparat mit dem Isolier-raum verbunden werden, wobei der gesamte Umbau nur wenige Minuten in Anspruch nimmt.

Für bestimmte Fälle ist es notwendig, Gewißheit zu haben, daß der zu den Versuchen verwendete Dampf trocken gesättigt ist. Zu diesem Zwecke ist in einem der Vorräume des Isolierraumes eine Gas-überhitzungsvorrichtung eingebaut, durch die der Dampf nach Belieben auch nur um wenige Zehntelgrade über-hitzt und deren Wirkung vom Isolierraum aus geregelt werden kann.

Schließlich befindet sich im Isolierraum noch eine Fernthermometeranlage (Geschenk der Firma Hartmann & Braun), die gestattet, auf einer Schalttafel die Tem-peraturen der Außenluft, des Vorraumes und des Isolier-raumes (an zwei Stellen), sowie die Erwärmung der aus der Lüftungsanlage zuströmenden Luft zu beobachten. Jedes Thermometer enthält ein auf einer Glimmerplatte aufgewickeltes Platinband, dessen Widerstand mit der Temperatur veränderlich ist. Aus der in Fig. 21 dar-gestellten Schaltung ist ersichtlich, daß der Apparat zunächst aus zwei Widerständen besteht, von denen einer t mit der Temperatur veränderlich, der andere W

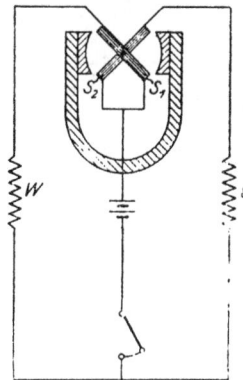

Fig. 21. Schema des Fernthermometers von Hartmann & Braun.

konstant ist und weiters aus zwei miteinander und mit der Drehachse fest verbundenen Spulen S_1 und S_2, die sich im Feld eines hufeisenförmigen Permanentmagneten von ovalem Eisenkern bewegen. Sobald der von einem Akkumulator gelieferte Meßstrom geschlossen wird, wirkt auf das Spulenkreuz ein Moment, das eine Drehung um einen bestimmten Winkel hervorruft. Dieser ist, wie sich nachweisen läßt, nur eine Funktion des Widerstandes (t) und der Instrumentkonstanten, also unabhängig von der elektromotorischen Kraft der Stromquelle und sonach zur Temperaturmessung unmittelbar verwendbar. Auf der erwähnten Schalttafel ist auch der Umschalter für die fünf Fernthermometer sowie eine Ladevorrichtung angebracht, mittelst der der Akkumulator gespeist werden kann, wenn seine Spannung unter eine bestimmte Minimalgrenze sinkt, welchen Zustand ein kleines Voltmeter erkennen läßt.

Betrachtet man alle diese Anordnungen, so ist zu erkennen, daß auch im Isolierraum, soweit als nur irgend möglich, alle Bedienungseinrichtungen zentralisiert sind, und daß die Regelung jeder Größe an der Stelle erfolgt, an der auch der Einfluß dieser Regelung erkannt werden kann.

Endlich möge noch erwähnt werden, daß auch die notwendigen Anschlüsse für Kühlversuche bereits vorgesehen sind und diese ohne größere Umbauten unter Ausnutzung der vorhandenen Einrichtungen seinerzeit werden durchgeführt werden können.

8. Obergeschoß.
(S. Fig. 3.)

Im Treppenflur des Obergeschosses hat das sorgfältig isolierte Warmwasserbereitungsgefäß Aufstellung gefunden. (Fig. 22.) Sein 2000 l betragender Inhalt wird durch ein System kupferner Röhren erwärmt, die, um das Nachheizen zu

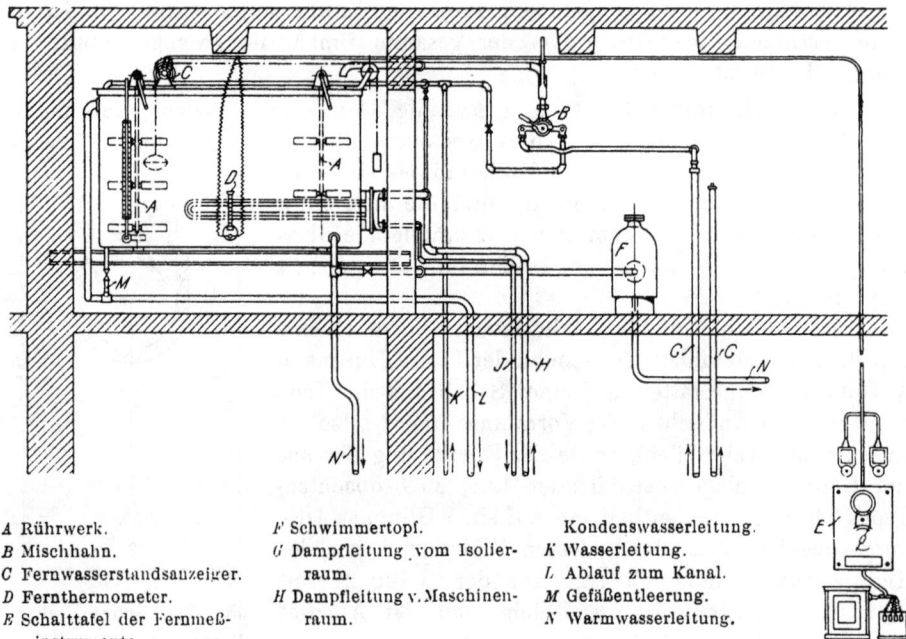

A Rührwerk.	F Schwimmertopf.	Kondenswasserleitung.
B Mischhahn.	G Dampfleitung vom Isolier-	K Wasserleitung.
C Fernwasserstandsanzeiger.	raum.	L Ablauf zum Kanal.
D Fernthermometer.	H Dampfleitung v. Maschinen-	M Gefäßentleerung.
E Schalttafel der Fernmeß-	raum.	N Warmwasserleitung.
instrumente.		

Fig. 22. Anlage zur Warmwasserbere ung.

verhindern, mit Kaltwasser durchgespült werden können. Da für manche Versuche die periodische Füllung des Gefäßes nicht ausreicht, ist es möglich, unter Verwendung eines Mischhahnes »Konstant« der Firma F. Butzke beliebig erwärmtes Wasser nachzuspeisen und mittels elektrisch betriebener Doppelrührwerke eine gleichmäßige Temperatur zu erzielen.

Die Speisung und Heizung des Gefäßes erfolgen in der Regel vom Maschinenraum nach Maßgabe der Anzeigen eines Fernmeßapparates der Firma G. A. Schultze. Bei diesem kann auf einer Schalttafel sowohl die Temperatur, wie auch die Wasserstandshöhe im Gefäß abgelesen werden. Im Schaltungsschema Fig. 23 bedeuten E und E_1 zwei durch Akkumulatorzellen gebildete elektromotorische Kräfte, W einen konstanten, t den mit der Temperatur veränderlichen Widerstand und G ein Galvanometer. Haben E und E_1 eine bestimmte und gleiche Spannung, so ist der Ausschlag des Galvanometers nur der Differenz $t-W$ proportional, sodaß man durch ihn die Temperatur anzeigen und durch passende Wahl des Widerstandes W eine beliebige Empfindlichkeit erreichen kann. Die Gleichheit von E und E_1 ist dadurch zu erkennen, daß bei Einschaltung eines Justierwiderstandes r_0 an Stelle von t eine Anzeige des Instrumentes nicht erfolgen darf. Der etwa entstehende Ausschlag wird durch Verschieben des

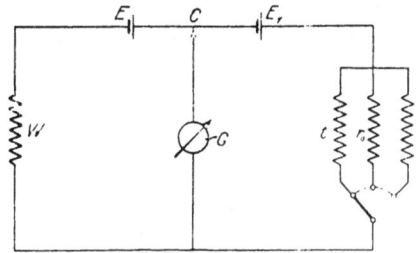

Fig. 23. Schema des Fernthermometers von G. A. Schultze.

Schleifkontaktes C beseitigt. Die allmähliche Veränderung der beiden elektromotorischen Kräfte wird durch Verschieben eines im Galvanometer befindlichen magnetischen Nebenschlusses derart ausgeglichen, daß der Zeiger bei Einschalten eines bestimmten Widerstandes r auf eine besonders gekennzeichnete Reguliermarke einspielt.

Bei den Anzeigen des Wasserstandes erfolgt die Änderung des Widerstandes durch einen Schwimmer nach Maßgabe der Höhe des Wasserstandes.

Vom Wassergefäß führen die Leitungen teils unmittelbar, teils in Verbindung mit Schwimmerventilen zu den Verbrauchsstellen und von diesen zu den betreffenden Wagen im Maschinenraum.

Schließlich enthält das Obergeschoß noch eine Dunkelkammer für photographische Zwecke sowie mehrere kleinere Räume, die zur Untersuchung von automatischen Vorrichtungen, z. B. Temperaturreglern, dienen.

9. Heizung und Beleuchtung.

Die von der Firma E. Kelling, Berlin, ausgeführte Heizungsanlage teilt sich in eine Warmwasserheizung für die Bureaux und in eine Niederdruckdampfheizung für die übrigen Räume, wobei überall darauf Rücksicht genommen wurde, daß die gesamte Heizung auch Versuchszwecken dienstbar gemacht werden kann.

Die Warmwasserheizung wird in der Regel durch einen Gegenstromapparat der Hoffmannswerke, für den Nachtbetrieb jedoch und als Reserve durch einen im Materialienkeller aufgestellten Strebelkessel betätigt. Da es zu Versuchszwecken darauf ankam, die Vorlauftemperatur des Gegenstromapparates auf eine beliebige Höhe einzustellen und dann nahezu konstant zu halten, wurden in die Vorlaufleitung die Aufnahmekörper verschiedener automatischer Regler eingebaut, die den Dampfeinlaß entsprechend regeln sollten. Keiner dieser Regler konnte aber seinen Zweck erfüllen, da die Heizfläche des Gegenstromapparates im Verhältnis zu seinem Wasserinhalt und zu der von ihm abzugebenden Wärmemenge so groß ist, daß Regulierperioden von nur wenigen Sekunden bereits Schwankungen der Vorlauftemperatur von rund 20⁰ hervorriefen. Es mußte daher anstatt eines automatischen Reglers eine Kondenswasserstauvorrichtung angebracht werden. Nachdem die tägliche Anheizperiode beendet ist, wird der Kondenstopf des Gegenstromapparates abgestellt und ein Handregulierventil geöffnet, das mittels Schneckenantrieb und Kreisskala jede beliebige, durch einen Klinger'schen Wasserstandsanzeiger erkennbare Stauhöhe des Kondensats einstellen läßt. Die Vorrichtung hat sich ganz gut bewährt, kann aber natürlich eine automatische Regelung, deren Anwendung in geänderter Form weiter versucht wird, nicht ersetzen.

Für die Dampfheizung zweigen zwei Stränge vom Niederdruckdampfverteiler im Maschinenraum ab; der erste führt zur Versuchshalle, der zweite zum Materialienkeller, zum Isolierraum und Obergeschoß.

Die Heizung der 60 m langen Halle entspricht dem Prinzip, die Heizfläche an die Stellen größter Abkühlung zu legen, um dadurch kleine Stromkreise für die Luftbewegung zu erzielen. Es ist sonach an jeder Längsseite der Halle je ein Rohrstrang von 49 mm l. W. rd. 2 m unter der Decke, ein gleicher Rohrstrang an der Rückwand oberhalb des Fußbodens verlegt und der Rest der nötigen Heizfläche auf neun unterhalb der Fenster aufgestellte, mit besonderer Zuleitung versehene Radiatoren verteilt worden. Die Rohrstränge, die auf Kugelschlitten lagern, sind von einer Zentralstelle aus einzeln absperrbar.

Zur Wärmeregelung in den verschiedenen Räumen der Anstalt dienen selbsttätige Temperaturregler verschiedener Konstruktionen, über die in den nächstfolgenden »Mitteilungen« Bericht erstattet werden soll.

Da die Ausführung der Heizungsanlagen möglichst genau nach den Berechnungsergebnissen erfolgen sollte, mußten bei der Niederdruckdampfheizung der großen Halle infolge des Umstandes, daß die Handelsmaße der schmiedeeisernen Röhren bedeutende Sprünge machen, für die Heizkörperanschlüsse Kupferröhren Verwendung finden. Die Anlage, die vom Verteiler mit Dampf von 1,06 atm abs. Spannung versorgt wird, arbeitet vollständig geräuschlos — ein Beweis dafür, daß die Geräusche bei Niederdruckdampfheizungen nicht als eine Eigenart dieses Heizsystems anzusehen, sondern auf nicht entsprechende Berechnung und Ausführung zurückzuführen sind.

Bei Berechnung der vorliegenden Anlage wurde der bisher übliche Reibungskoeffizient 0,0015 · 2 g in Anwendung gebracht. Nach den neueren Untersuchungen von Eberle[1]) könnte der Wert als zu groß erscheinen. Frühere Beobachtungen des Vorstehers der Anstalt an ausgeführten Anlagen, besonders aber eine größere Zahl von Messungen, die mit der vorbesprochenen Anlage vorgenommen worden sind, haben die Bestätigung erbracht, daß bei

[1]) Siehe Zeitschrift des Vereins Deutscher Ingenieure, Jahrgang 1908, Nr. 13—17.

Niederdruckdampfheizungen der Reibungskoeffizient keinesfalls kleiner als bisher anzunehmen ist. Dieser scheinbare Widerspruch mit den Eberle'schen Versuchen findet in der Hauptsache darin seine Erklärung, daß bei den verhältnismäßig kleinen Rohrdurchmessern einer Niederdruckdampfheizung ein erheblicher Teil des Querschnittes der nahezu horizontal gelagerten Leitungen vom Kondenswasser ausgefüllt wird, während der neu gefundene Wert für wasserfreie Leitungen bestimmt wurde und daher nur für gut entwässerte Leitungen größeren Durchmessers — wie dies auch durch die vielen ausgeführten Ferndampfheizungen volle Bestätigung findet — Gültigkeit besitzt.

Die Beleuchtung der Prüfungsanstalt erfolgt durch Bogenlicht und Kohlen- oder Metallfadenlampen, während in sämtlichen Räumen Gasglühlicht als Reserve vorgesehen ist. Im Isolierraum mußte, wie bereits erwähnt, eine direkte Beleuchtung wegen ihrer Wärmewirkung vermieden werden und sind daher die notwendigen Bogenlampen bzw. Gasbrenner in den Vorräumen untergebracht und mit Reflektoren ausgestattet worden.

III. Bestimmung der Geschwindigkeit und des Druckes bewegter Luft in Rohrleitungen.

In der Heizungs- und Lüftungstechnik kommen von den verschiedenen Methoden zur Bestimmung von Luftgeschwindigkeiten ausschließlich die anemometrischen und manometrischen, zur Bestimmung der Druckverhältnisse bewegter Luft selbstverständlich nur die manometrischen in Betracht.

Der Gesamtdruck bewegter Luft in Rohrleitungen setzt sich zusammen aus dem dynamischen und dem statischen Druck. Unter dem dynamischen Druck versteht man den der Geschwindigkeitshöhe $\dfrac{v^2}{2g}\gamma$ entsprechenden Druck, unter dem statischen also den Gesamtdruck vermindert um den dynamischen.

Eine manometrische Bestimmung der Luftgeschwindigkeit kann einwandfrei nur erfolgen, wenn der statische Druck bekannt ist oder in richtiger Weise ausgeschaltet wird, weshalb Geschwindigkeit und Druck bewegter Luft zum Teil gemeinsame Behandlung erfahren müssen.

I. Bestimmung der Geschwindigkeit bewegter Luft in Rohrleitungen.

A. Anemometrische Methoden.

Die Umdrehungszahl eines Anemometers [1]) ist abhängig von
1. der Luftgeschwindigkeit,
2. der äußeren und inneren Ausführung (Flügelform, Zählwerksübersetzung, Montierungsflanschen usw.).

Soll daher aus der Umdrehungszahl die Luftgeschwindigkeit erkannt werden, so müssen alle anderen Einflüsse ausgeschaltet werden, was durch Eichung erfolgt. Diese kann nach zwei grundsätzlich verschiedenen Methoden ausgeführt werden, und zwar als:

  a) Freilaufeichung mittels des Rundlaufapparates [2]),
  b) Zwanglaufeichung mittels eines Gasometers (Kubizierapparates).

---

[1]) Statische Anemometer und ähnliche Instrumente sind hierbei nicht berücksichtigt.

[2]) Wiedemanns Annalen der Physik und Chemie 1880, S. 677 und Glückauf 1902, Nr. 47 und 1903, Nr. 48.

— 33 —

Während im ersten Falle das Anemometer bei ruhender Luft in kreisende Bewegung versetzt wird, zwingt man im zweiten Falle eine bestimmte Luftmenge, durch das Anemometer zu strömen. Wie verschieden die nach beiden Arten der Eichung erhaltenen Werte ausfallen können, zeigt nachstehende Untersuchung.

Zwei in der Prüfungsanstalt zwangsläufig geeichte Anemometer wurden in Bochum am Rundlaufapparat der Westfälischen Berggewerkschaftskasse nachgeeicht. Die von einem dieser Meßinstrumente erhaltenen Werte sind in Fig. 1 durch die Geraden I und II dargestellt.

Gerade III zeigt ferner den Einfluß eines auf das Anemometer aufgesetzten Flansches, der für die Eichung am Kubizierapparat nötig ist.

Die Werte für das zweite Anemometer zeigen im wesentlichen das gleiche Bild.

Aus der Fig. 1 ist zu ersehen, daß die Abweichung zwischen Frei- und Zwanglaufeichung rund 10 % und der Einfluß des Flansches bei der Freilaufeichung rund 13 % beträgt.

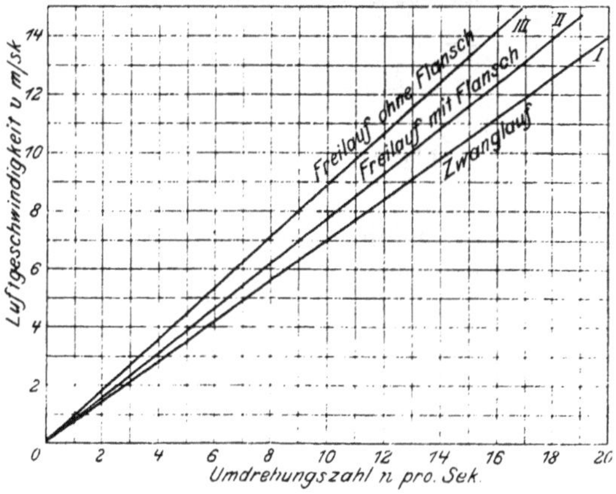

Fig. 1.

Hieraus folgt der wichtige, in der Praxis oftmals nicht beachtete Grundsatz: »die Anemometer sind genau in der Weise zu verwenden, in der sie geeicht worden sind.« Die strenge Einhaltung dieser Forderung ist nur bei den im Zwanglauf geeichten Anemometern möglich, weshalb die Prüfungsanstalt für ihre Untersuchungen ausschließlich diese Art der Eichung benutzt und hierzu einen Kubizierapparat verwendet, der in der vorhergehenden Abhandlung eingehende Besprechung erfahren hat.

B. Manometrische Methoden[1].

Es bezeichne:

$H = h_d + h_s$ den Gesamtdruck in mm W. S.,
h_d den dynamischen Druck in mm W. S.,
h_s den statischen Druck in mm W. S.,
v die Luftgeschwindigkeit in m/sek.,
γ das spezifische Gewicht der Luft in kg/cbm,
g die Beschleunigung der Schwere.

Für ein in den Luftstrom eingeschaltetes Pitotrohr (s. Fig. 2) besteht folgende Beziehung:

$$H = h_s + h_d = h_s + \xi \frac{v^2}{2g} \gamma \quad \cdots \cdots \cdots (1)$$

wobei ξ einen durch Eichung zu bestimmenden Koeffizienten bedeutet.

[1] Zu dieser Gruppe gehören auch jene Volumenmesser, die eine mit der Geschwindigkeit veränderliche Druckdifferenz auf Zifferblätter oder registrierende Trommeln übertragen.

— 34 —

Um v aus H berechnen zu können, muß h_s bestimmt oder ausgeschaltet werden.

Die Bestimmung von h_s erfolgt zurzeit noch meistens mit Hilfe eines mit einem Manometer in Verbindung stehenden Meßröhrchens, das entweder

a) an eine feine Bohrung in der Kanalwand sich anschließt (Fig. 3) oder

b) in den Luftstrom senkrecht eingebaut und mit einer von S e r ange-gebenen kleinen dünnen Scheibe versehen ist. (Fig. 4.)

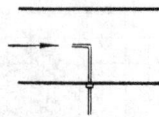 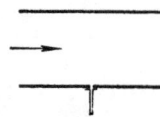 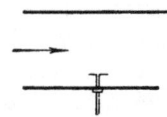

Fig. 2.   Fig. 3.   Fig. 4.

Diese Ausführungen zur Bestimmung des statischen Druckes haben nach den weiter folgenden Versuchen der Prüfungsanstalt keine einwandfreien Er-gebnisse geliefert, so daß mit ihnen eine sichere Bestimmung oder Ausschaltung des statischen Druckes nicht möglich erscheint.

Prof. Dr. R e c k n a g e l hat die Ausschaltung dieses Druckes in unmittel-barer Weise durch seine Stauscheibe erzielt. Nach seinen sorgfältigen Unter-suchungen mittels Rundlaufapparates mißt die Vorderseite der Stauscheibe:

$$+\frac{v^2}{2\mathrm{g}}\gamma + h_s,$$

die Rückseite:
$$-0{,}37\frac{v^2}{2\mathrm{g}}\gamma + h_s.$$

Durch Gegenschaltung beider Seiten an ein Manometer zeigt dieses die Differenz

$$h = 1{,}37\frac{v^2}{2g}\gamma, \qquad \dots \dots \dots \dots \quad (2)$$

so daß nun die Berechnung der Geschwindigkeit v erfolgen kann.

Bei den laufenden Arbeiten in der Prüfungsanstalt entstanden wieder-holt Bedenken über die unbedingte Richtigkeit des Stauscheibenkoeffizienten 1,37. Um volle Klarheit zu gewinnen, wurden unmittelbare Vergleichsversuche zwischen der Stauscheibe und zwangläufig geeichten Anemometern durchgeführt und für diese die in Fig. 5 dargestellte Anordnung benützt.

An der Stirnplatte des Rohrkonus R wurden 14 Rohrstutzen luftdicht eingesetzt, auf deren vorderen Seite je ein Anemometer genau in der Weise wie beim Kubizierapparat befestigt war. Durch die Anemometer und die Rohr-leitung von 179 mm l. W. wurde mit einem elektrisch betriebenen Ventilator eine beliebig einzustellende Luftmenge gesaugt.

Die 14 Anemometer und ein Chronograph[1]) konnten mittels Elektromagnete durch einen gemeinsamen Schalter gleichzeitig ein- und ausgeschaltet werden. In der Rohrleitung waren Messingrohre G von 15 mm Durchm. und 120 mm Länge eingelegt, um die im Konus R wirbelnde Luft gleichzurichten. Bei H

[1]) s. Liste der Firma F u e s s, Steglitz, 1907. S. 60.

— 35 —

befand sich ein in die Rohrleitung bündig eingesetzter Ring mit zwei auf-
gespannten Messingnetzen von 1 mm Maschenweite, zu dem Zweck, das Vor-
und Nacheilen der einzelnen Luft-
fäden tunlichst aufzuheben und
somit eine möglichst gleichförmige
Geschwindigkeitsverteilung zu erreichen.

Die durch die Rohrleitung
geförderte Luftmenge wurde auf
doppelte Weise bestimmt und zwar

a) durch die vor und nach
dem Versuch zwangläufig geeichten
Anemometer,

b) durch die bei *aa* (Fig. 5)
achsial angeordnete Stauscheibe von
15 mm Durchm. (Fig. 6) in Verbindung mit einem R e c k n a g e l schen
Mikromanometer.

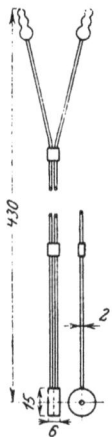

Während die er-
stere Methode nicht
mehr näher erläutert zu
werden braucht, bedarf
die zweite noch einer
Besprechung.

In Fig. 7 sind von
der Ordinatenachse *AB*
die in einem Querschnitt
mittels Stauscheibe ge-
messenen Geschwindig-
keiten als Abszissen auf-
getragen. Gilt die so
erhaltene Geschwindig-
keitsverteilung *ACDEB*
für alle Querschnitte, so
wird die für die Rech-
nung in Betracht kom-
mende mittlere Geschwindigkeit
als Höhe des dem Rotationskörper
volumgleichen Zylinders nach dem
folgenden Verfahren bestimmt[1]).

Fig. 6.

Fig. 5. Versuchsanordnung zur Prüfung der Stauscheibe mittels Anemometer.

---

[1]) Dieses Verfahren ist zuerst
von Dr. techn. U r b a n e k angegeben
(Zeitschr. des österr. Ing.- und Arch.-
Vereins 1905, Nr. 40) und fast zur selben Zeit in ähnlicher Form von Professor B u r n h a m entwickelt worden.
(Eng. News 1905, Nr. 25.)

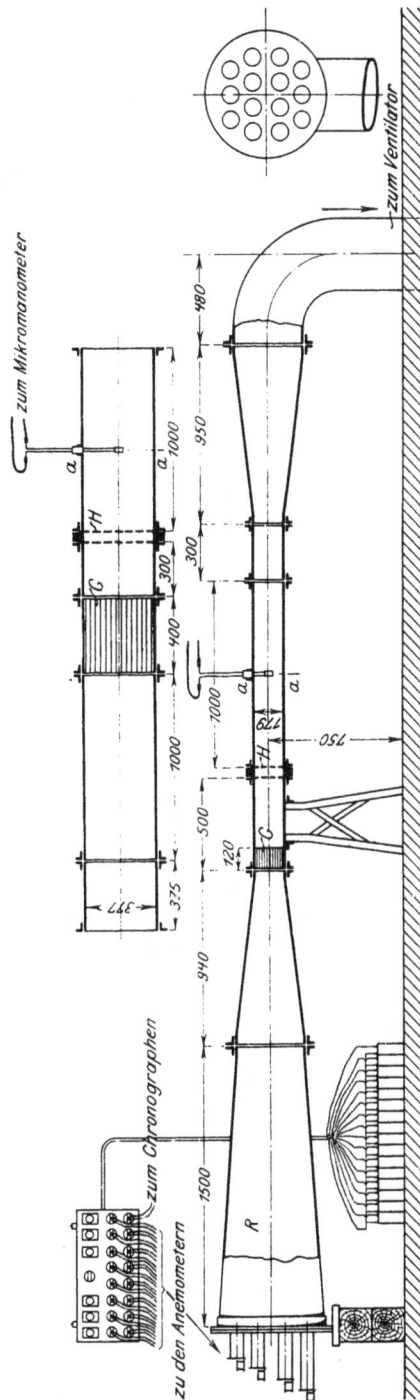

Bezeichnet:

R den Radius der Leitung,

r einen beliebigen Radius,

v_r die diesem Radius entsprechende Geschwindigkeit,

v_m die mittlere Geschwindigkeit im Rohrquerschnitt,

so ist das in der Zeiteinheit durch ein Flächenelement strömende Volumen

$$2 \pi r \cdot dr \cdot v_r$$

und das durch den ganzen Querschnitt fließende Volumen

$$\int_0^R 2 \pi r \cdot dr \cdot v_r = 2 \pi \int_0^R r \cdot v_r \cdot dr,$$

demnach ist die mittlere Geschwindigkeit

$$v_m = \frac{2 \pi}{\pi R^2} \int_0^R r \cdot v_r \cdot dr = \frac{2}{R^2} \int_0^R r \cdot v_r \, dr.$$

$r \, v_r$ kann durch das Produkt Ry ($OHMG$ und $OALK$ sind flächengleiche Rechtecke) ersetzt werden; mithin wird

$$v_m = \frac{2}{R} \int_0^R y \, dr.$$

$\int_0^R y \, dr$ stellt die Fläche jener Kurve dar, die man erhält, wenn zu jedem Punkte M des Geschwindigkeitsdiagrammes nach Fig. 7 ein Punkt M_1 konstruiert wird, dessen Abszisse gleich y und dessen Ordinate r gleich der des

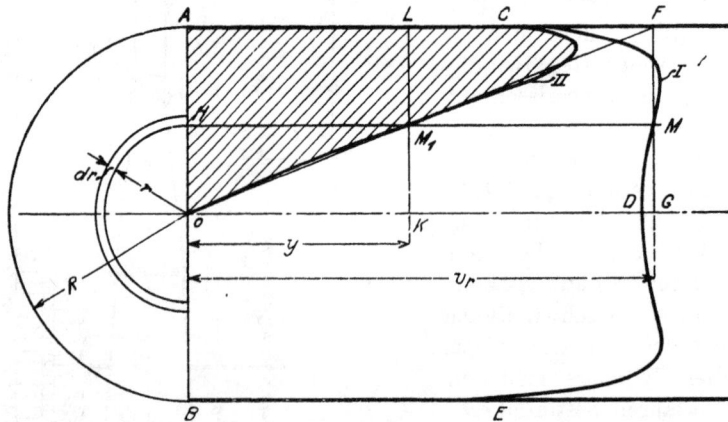

Fig. 7.

Punktes M ist. Auf diese Weise wird aus Kurve I Kurve II abgeleitet. Der Inhalt F der Fläche $OACM_1O$, den man planimetrisch bestimmen kann, ist

$$F = \int_0^R y \cdot dr$$

und somit wird

$$v_m = \frac{2\,F}{R}^{1)}$$

Bei praktischen Messungen decken sich die Geschwindigkeitsverteilungen in verschiedenen Querschnitten nicht. Zur Bestimmung des wahrscheinlichen

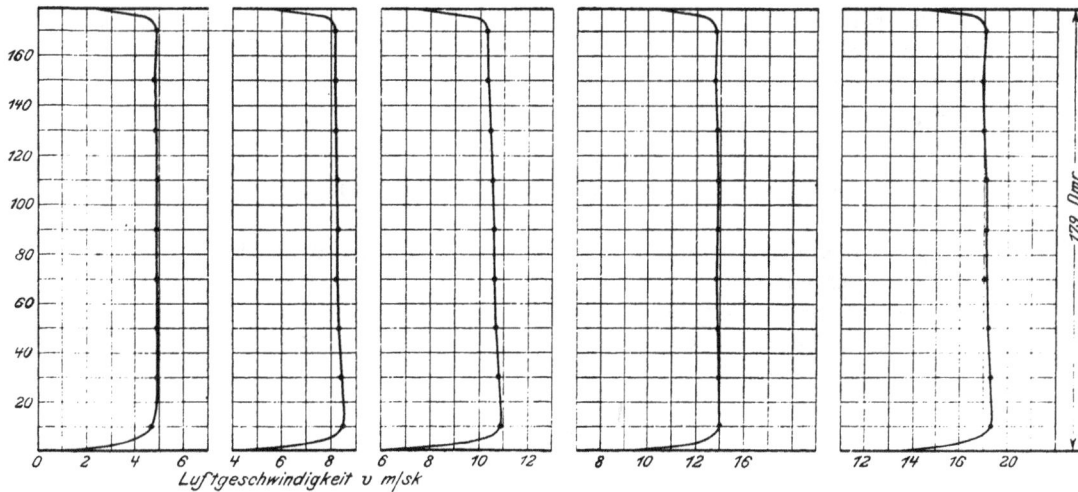

Fig. 8.

Wertes müssen entweder die einzelnen Aufnahmen durch Zeichnung einer mittleren Kurve ausgeglichen oder für alle Querschnittsaufnahmen die volum-gleichen Zylinder bestimmt und deren mittlere Höhe berechnet werden.

Für die vorliegende Unter-suchung mußte die Versuchsdauer wegen der zeitweise auftretenden Schwankungen in der Luftförde-rung auf kurze Zeit beschränkt werden, so daß die notwendi-gen Geschwindigkeitsaufnahmen während des Versuches nicht ge-macht werden konnten. Es mußte daher die Stauscheibe bei aa (Fig. 5) achsial eingestellt und durch Vorversuche bei ver-

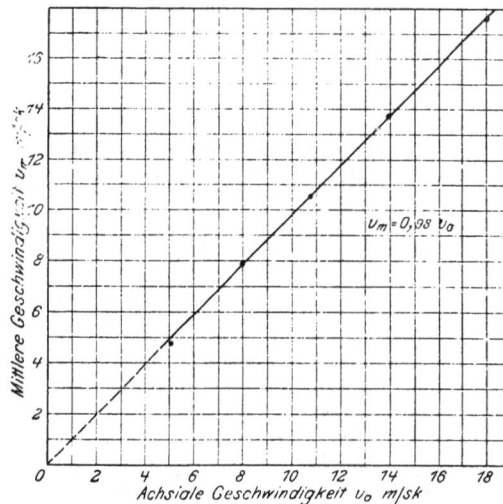

Fig. 9.

1) Als einfache und genaue Annäherungsmethode, bei der man das Planimeter entbehren kann, und die insbesondere dann vorteil-haft erscheint, wenn mehrere Ver-suche für den gleichen Durchmesser vorliegen, sei folgende empfohlen: Man teilt den Durchmesser in eine größere Anzahl von Teilen derart, daß die entstehenden konzentrischen Kreisringflächen gleich sind und bestimmt aus der Kurve der Geschwindigkeitsverteilungen die den Kreisringflächen zugehörigen Höhen, deren arithmetisches Mittel v_m ergibt.

schiedenen Geschwindigkeiten das Verhältnis der achsialen v_a zur mittleren Geschwindigkeit v_m gefunden werden. Diese Vorversuche, deren eine Reihe Fig. 8 darstellt, wurden bei fünf verschiedenen Geschwindigkeiten, über je vier Durchmesser vorgenommen und ergaben als Endresultat für alle Geschwindigkeiten (Fig. 9)

$$v_m = 0,98\, v_a$$

Der Hauptversuch, d. i. der unmittelbare Vergleich zwischen den Anemometern und der Stauscheibe ist für zehn verschiedene Geschwindigkeiten innerhalb der Grenzen von 4,7 bis 16,2 m/sek. ausgeführt und, wie folgt, ausgewertet worden.

Bedeutet außer den früher gegebenen Bezeichnungen:

L die insgesamt während t Sekunden durch die Anemometer gemessene Luftmenge in cbm,

v_m die hiernach bestimmte mittlere Geschwindigkeit in m/sek.,

v_a die achsiale Geschwindigkeit in m/sek.,

h die Anzeige des Mikromanometers, umgerechnet in mm W.S.,

d den Rohrdurchmesser in m,

so ist:

$$v_m = \frac{4\,L}{d^2\,\pi\,t} = 0,98\,v_a.$$

Daraus folgt

$$v_a = \frac{4\,L}{0,98\,d^2\,\pi\,t}$$

Setzt man diesen Wert in die Gleichung:

$$h = \xi\,\frac{v_a{}^2}{2\,g}\,\gamma$$

ein, so erhält man

$$h = \xi\left(\frac{4\,L}{0,98\,d^2\,\pi\,t}\right)^2\frac{\gamma}{2\,g}$$

und daraus

$$\xi = \frac{h\,(0,98\,d^2\,\pi t)^2}{(4\,L)^2\,\gamma}\,2\,g = 11,6\,\frac{h}{\gamma}\left(\frac{d^2\,t}{L}\right)^2.$$

Die so gefundenen Werte sind unter Berücksichtigung der Verengung des Rohrquerschnittes durch die Stauscheibe in Fig. 10 dargestellt und ergeben im Mittel

$$\xi = 1,50.$$

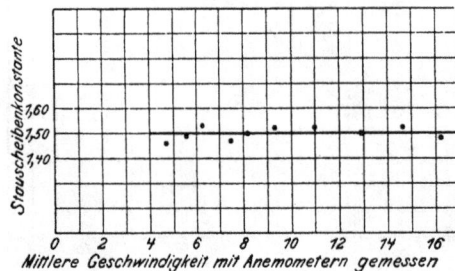

Fig. 10.

Genau in der gleichen Weise wurden die Versuche bei einem 377 mm weiten Rohr durchgeführt und ergaben innerhalb der Geschwindigkeiten 1,4 bis 4 m/sek.

$$\xi = 1,48.$$

Diese von der bisher benutzten Konstanten 1,37 abweichenden Ergebnisse riefen naturgemäß Bedenken über die Genauigkeit der Vergleichsversuche hervor. Zunächst könnte die Gruppenanordnung der Anemometer mit dem Hinweis auf deren gegenseitige Beeinflussung beanstandet werden. Hierüber schafften folgende Versuche Klarheit.

Tabelle 1.

Inventar-Nr. des Anemometers	Umdrehungszahl des Anemometers			Versuchsdauer	$\frac{n}{t}$	Aus den Eichkurven bestimmte Luftmenge	
	Anfangszahl n_1	Endzahl n_2	Differenz $n = n_1 - n_2$	t in Sek.		L cbm/std.	ΣL cbm/std.
Anemometer in Stellung 1. Versuch I.							
840	9904	9264	640	60	10,66	85,6	344,7
841	4489	3837	652		10,88	87,1	
842	1263	0636	627		10,45	85,0	
843	9593	8966	627		10,45	87,0	
Versuch II.							
840	9264	7979	1285	119 120 ¹)	10,81	87,0	350,4
841	3837	2523	1314		11,05	88,5	
842	0636	9374	1262		10,58	85,8	
843	8966	7689	1277		10,72	89,1	
Versuch III.							
840	7979	6702	1277	119 120 ¹)	10,73	86,0	346,8
841	2523	1213	1310		11,00	86,0	
842	9374	8111	1263		10,61	86,0	
843	7689	6419	1270		10,67	88,8	
						im Mittel:	347,3
Anemometer in Stellung 2. Versuch I.							
840	3742	2468	1274	119 120 ¹)	10,72	86,1	345,7
841	8487	7165	1322		11,15	89,0	
842	5062	3805	1257		10,55	85,5	
843	3262	2045	1217		10,22	85,1	
Versuch II.							
840	2468	1200	1268	120 120 ¹)	10,55	85,0	350,3
841	7165	5828	1337		11,13	89,0	
842	3805	2546	1359		11,32	91,8	
843	2045	0825	1220		10,15	84,5	
Versuch III.							
840	1200	9905	1295	120,3 120,0 ¹)	10,75	86,4	345,1
841	5828	4491	1337		11,11	88,9	
842	2546	1263	1283		10,65	86,3	
843	0825	9593	1232		10,25	83,5	
						im Mittel:	347,0

¹) Kontrolle mittels Stoppuhr.

Eine bestimmte Luftmenge, deren Unveränderlichkeit durch die Stauscheibe bei *aa* Fig. 5 nachgewiesen werden konnte, wurde durch 4 Anemometer, die zuerst in Stellung 1, dann in Stellung 2 (Fig. 11) an der Stirnplatte des früher erwähnten Rohrkonus befestigt waren, durchgesaugt. Die anderen Rohrstutzen der Stirnplatte waren luftdicht verschlossen.

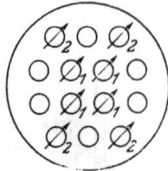 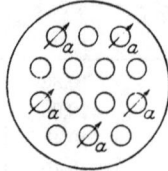

Fig. 11.   Fig. 12.

Die Ergebnisse des dreifach durchgeführten Versuches sind in der Tabelle 1 zusammengestellt.

Obwohl schon aus den beiden Werten 347,0 und 347,3 folgt, daß eine gegenseitige Beeinflussung der Anemometer nicht eintrat, wurde zur Sicherheit noch ein weiterer Versuch durchgeführt.

Durch fünf an der Stirnplatte befestigte Anemometer *a* (Fig. 12) wurde eine bestimmte Luftmenge *V* gesaugt und diese mittels der Stauscheibe gemessen. Hierauf wurden alle 14 Anemometer aufgesetzt und der Ventilator nach dem durch die Stauscheibe am Mikromanometer hervorgerufenen Ausschlag derart geregelt, daß die geförderte Luftmenge

$$V_1 = \frac{14}{5} V$$

betrug.

Die Ergebnisse des Versuches sind in nachstehender Tabelle 2 zusammengestellt.

Die gefundenen Endwerte 340 und 957 cbm/std. stehen fast genau im Verhältnis 5:14. (Abweichung 0,6 %.)

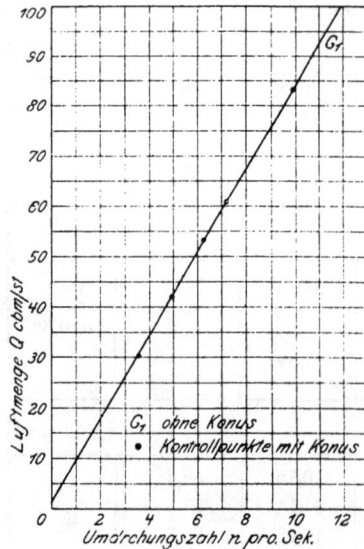

Fig. 13.

Aus diesen Versuchen dürfte mit voller Deutlichkeit hervorgehen, daß die Gruppenanwendung der Anemometer einwandfrei ist.

Möglicherweise konnte aber ein Fehler darin liegen, daß die Anemometer, am Kubizierapparat geeicht, beim Versuch durch Anordnung an dem Konus nicht in vollständig gleicher Weise Verwendung gefunden hatten. Obwohl diesem Einfluß durch Anbringen von Rohrstutzen auf der Stirnplatte des Konus von vornherein vorgebeugt war, mußte dennoch zur Sicherheit eine diesbezügliche Untersuchung durchgeführt werden. Ein am Kubizierapparat normal geeichtes Anemometer wurde daher auf den Rohrkonus gesetzt, letzterer an den Kubizierapparat angeschlossen und in dieser Weise eine erneute Eichung des Anemometers vorgenommen. Das Ergebnis ist in Fig. 13 dargestellt und beweist, daß obige Bedenken hinfällig waren.

Aus diesen nachträglichen Kontrollversuchen ging hervor, daß die gefundenen Abweichungen der Stauscheibenkoeffizienten nicht auf die Anemo-

Tabelle 2.

| Inventar-Nr. des Anemo-meters | Umdrehungszahl des Anemometers | | | Versuchs-dauer | $\frac{n}{t}$ | Aus den Eich-kurven best. Luftmenge |
	Anfangszahl n_1	Endzahl n_2	Differenz $n = n_1 - n_2$	t in Sek.		L cbm/std.
Versuch I (5 Anemometer).						
29 a	8586	7602	984		8,20	67,8
29 c	6122	5140	982		8,17	69,0
841	9818	8831	987	120	8,22	66,0
845	2274	1264	1010		8,43	69,2
894	0925	9938	987		8,22	68,0
					Summe	340,0
Versuch II (14 Anemometer).						
29 a	9682	8586	1096		8,27	68,3
29 b	5935	4821	1114		8,42	67,2
29 c	7183	6122	1061		8,77	73,7
29 d	0550	9774	776		5,86	70,5
31	1182	0258	924		6,97	66,7
192	6195	5048	1147		8,65	68,2
840	5398	4305	1093	120	8,25	66,7
841	0905	9818	1087		8,20	65,8
842	6630	5553	1077		8,14	66,0
843	5038	3953	1085		8,19	68,2
845	3419	2274	1145		8,65	72,0
847	7268	6175	1093		8,25	66,0
894	2029	0925	1104		8,34	69,0
893	8240	7109	1131		8,55	68,7
					Summe	957,0

meter und deren Anwendung, sondern auf die Stauscheibe zurückgeführt werden mußten.

Es bot sich Gelegenheit, weitere Untersuchungen der Stauscheibe mit Hilfe eines Gasometers durchzuführen, den eine Kommission des Vereins Deutscher Ingenieure[1]) zu Düsenversuchen auf der Gutehoffnungshütte in Oberhausen benutzte.

Die von dem nach dort entsandten ständigen Assistenten der Prüfungs-anstalt, Dipl.-Ing. Berlowitz, daselbst angestellten Versuche (im Anhang aus-führlich beschrieben) ergaben für ein 405 mm weites Rohr als Stauscheiben-koeffizient

$$\xi = 1,50.$$

Die Abweichungen aller bisher gefundenen Konstanten 1,50; 1,48; 1,50 von dem Recknagel'schen Wert 1,37 auf Fehler und Ungenauigkeiten der

[1]) »Ausschuß zur Aufstellung von Regeln für Leistungsversuche an Ventilatoren und Kompressoren«.

Versuche zurückzuführen, war nunmehr kaum möglich, vielmehr zwangen die Ergebnisse zu weiteren Nachforschungen über die Fehlerquelle der Stauscheibe.

Dazu bot sich der Prüfungsanstalt durch Benutzung des gelegentlich der Arbeiten in Oberhausen bekannt gewordenen Prandtl'schen Instrumentes weitere Gelegenheit.

Professor Dr. Prandtl benutzt ein mit einem Mantelrohr M ausgestattetes Pitotrohr (Fig. 14,) dessen Ende einen bestimmten, auf besondere Weise ermittelten Rotationskörper als Spitze zeigt. Im Mantelrohr sind vier feine Bohrungen vorhanden, die den statischen Druck der Luft aufnehmen und somit bei Gegenschaltung zur Pitotrohröffnung die alleinige Messung des dynamischen Druckes bzw. der Geschwindigkeit nach der Formel $h = \dfrac{v^2}{2\,g}\,\gamma$ ermöglichen.

Ganz ähnliche Instrumente finden seit einigen Jahren ausgedehnte Verwendung in der amerikanischen Meßtechnik, und eingehende Untersuchungen haben die praktische Brauchbarkeit dieser Apparate für Flüssigkeiten und Gase nachgewiesen[1]).

Das oben dargestellte Instrument ist am Gasometer der Gutehoffnungshütte geeicht und seine Konstante mit 0,99, sonach für praktische Zwecke mit **Eins** gefunden worden.

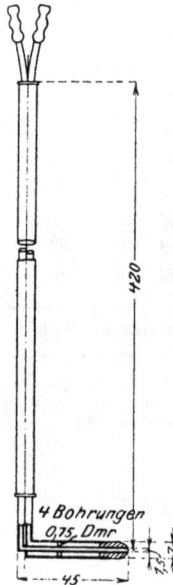

Fig. 14.

[1]) Taylor: ›A form of Pitot Tube for measuring the air velocities.‹ Eng. News 1903, No. 11. (Fig. I.)

Fig. I.

Burnham: ›Experiments with the Pitot Tube in measuring the velocities of gases in pipes.‹ Eng. News 1905, No. 25. (Fig. II.)

Für dieses Instrument sind folgende sechs Eichwerte angegeben:

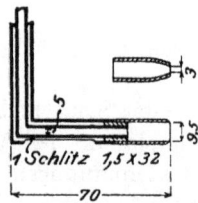

Nr.	v_m m/sek.	ξ
1	11,3	1,001
2	13,2	1,007
3	14,1	1,000
4	18,5	0,994
5	18,8	1,008
6	21,2	1,009

Fig. II.

Gregory: ›The Pitot Tube.‹ Transactions of the Amer. Soc. of Mechan. Eng. 1904, S. 184. (Fig. III.)

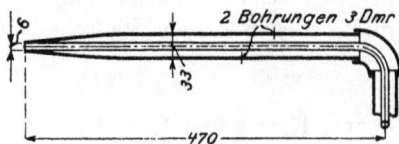

Fig. III.

Siehe ferner: Gardner, Williams . . . ›Experiments at Detroit, Mich., on the effect of curvature upon the flow of water in pipes.‹ Transactions of the Amer. Soc. of Civ. Eng. 1902. Vambera und Schraml: ›Die direkte Messung der Geschwindigkeit heißer Gasströme mit Hilfe der Pitot-Röhren.‹ Berg- und Hüttenmännisches Jahrbuch der k. k. montan. Hochschule zu Leoben und Přibram 1906, Nr. 1.

— 43 —

Mit diesem Instrument und der Stauscheibe[1]) wurden folgende Vergleichsversuche ausgeführt.

Im Querschnitt aa der Rohrleitung (s. Fig. 15) wurde die Geschwindigkeitsverteilung zunächst mit dem Prandtl-Instrument P bestimmt, und, falls die Aufnahme verwertbar war, diese sofort mit der Stauscheibe wiederholt.

Um die während der beiden Aufnahmen auftretenden Schwankungen der Luftförderung auszugleichen, wurde die Luftmenge nach den Angaben eines mit einer Stauscheibe S verbundenen Kontrollmikromanometers M_1 geregelt, wobei die Möglichkeit einer gegenseitigen Beeinflussung der im Rohr befindlichen Instrumente durch deren entsprechende Versetzung als ausgeschlossen zu betrachten war. Die trotz dieser Regelung vorkommenden Schwankungen der Luftgeschwindigkeit fanden dadurch Berücksichtigung, daß die Angaben des Instrumentes M nach den Schwankungen des Mikromanometers M_1 entsprechend korrigiert worden sind.

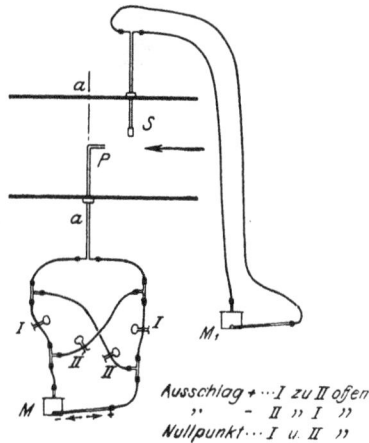

Fig. 15.

Der in Fig. 15 ersichtliche doppelte Anschluß des Meßinstrumentes an das Mikromanometer M hatte den Zweck, den Ausschlag nach beiden Richtungen der Skala zu ermöglichen, um dadurch einerseits die Dichtigkeit der Schläuche und andererseits den Nullpunkt kontrollieren zu können. Später ist diese Schaltung durch einen entsprechend konstruierten Umschalthahn erreicht worden.

Bei der Auswertung dieser Versuche, von denen zwei in Fig. 16 und 17 dargestellt sind, wurde die Quadratwurzel aus den Mikromanometerausschlägen n aufgetragen und da $\sqrt{n}$ der Geschwindigkeit direkt proportional ist, hieraus unmittelbar ein Urteil über die Brauchbarkeit der Geschwindigkeitsaufnahme gewonnen. Bezeichnet man die Ausschläge der Stauscheibe und des Prandtl-Instrumentes mit n_s bzw. n_p, so ergibt sich, den

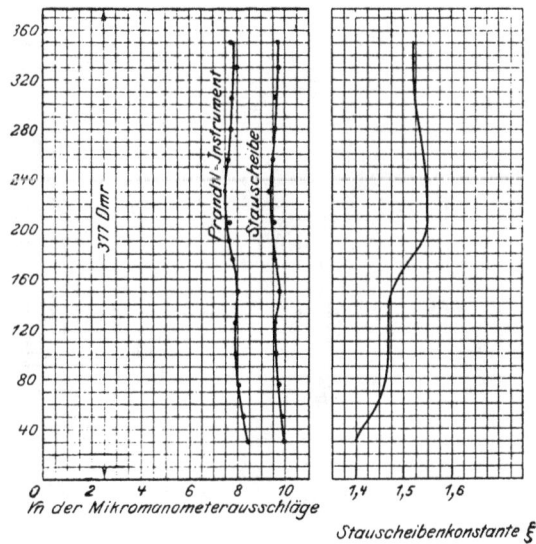

Fig. 16.

[1]) Für das 179 und 377 mm weite Rohr wurde die bereits erwähnte, in Fig. 6 dargestellte Stauscheibe von 15 mm Durchm. benutzt; für das 800 mm Rohr wurde eine ähnliche Stauscheibe von 30 mm Durchm. verwandt.

Koeffizienten des letzteren mit **1** angenommen, der Stauscheibenkoeffizient zu $\xi = \frac{n_s}{n_p}$. Die Ergebnisse der Vergleichsversuche enthält Tabelle 3.

Tabelle 3.

Nr. des Versuchs	Rohrdurchm. in mm	Stat. Druck in mm W.S.	Stauscheiben-koeffizient ξ
1	800	—	1,43
2	800	—	1,40
3	800	+ 20	1,42
4	380	+ 150	1,30—1,36
5	380	—	1,43—1,46
6	380	—	1,40—1,55
7	380	+ 44	1,51
8	380	+ 163	1,47
9	180	— 42	1,38—1,48

Diese Werte, die die früher ermittelten von

$$\xi = 1,50: 1,48; 1,50^1)$$

nach oben und nach unten noch übergreifen und nach keiner Richtung eine Gesetzmäßigkeit aufweisen, ließen erkennen, daß die Stauscheibenkonstante, wahrscheinlich abhängig von der mehr oder minder ungleichmäßigen Strömung im Rohr, innerhalb gewisser Grenzen beliebige Werte, im vorliegenden Falle zwischen 1,3 und 1,55, annehmen könne.[2]

Um weiter festzustellen, welche Seite der Stauscheibe diese Abweichungen verursache, wurde zuerst ihre Vorderseite mit dem Prandtl-Instrument

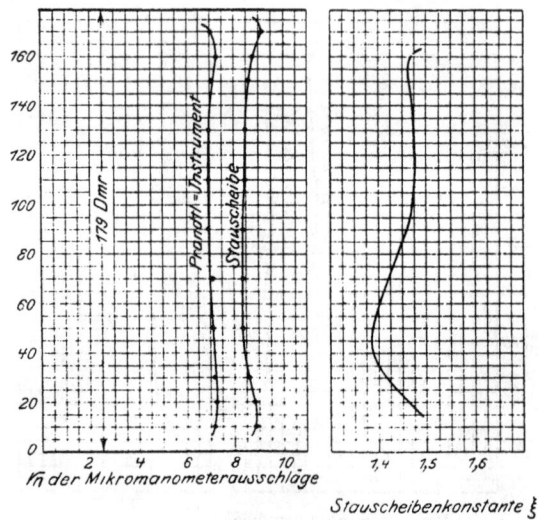

Fig. 17.

[1] Bei Messung von Wassergeschwindigkeiten wurde in der Versuchsanstalt für Wasserbau und Schiffbau für die Stauscheibe $\xi = 1,48$ gefunden. (Zentralblatt der Bauverwaltung 1909, S. 549.)

[2] Die vorstehenden Versuche wurden absichtlich bei sehr verschiedenen Strömungsverhältnissen vorgenommen, so daß die gefundenen Abweichungen Grenzwerte darstellen dürften. Nach den Ergebnissen scheint es nicht ausgeschlossen, daß für Rohrleitungen mit guten Strömungsverhältnissen bei der Stauscheibe mit einem nahezu konstanten Koeffizienten von 1,50 gerechnet werden kann, was durch die von der auf S. 41 genannten Kommission geplanten weiteren Versuche Klärung finden wird.

in der bereits früher beschriebenen Weise verglichen und bei ersterer Messung der statische Druck nach Fig. 18 (mit dem Prandtl-Instrument) ausgeschaltet.

Wie aus Fig. 19 zu ersehen ist, ergab sich eine sehr gute Übereinstimmung der beiden Aufnahmen, woraus hervorgeht, daß für die Vorderseite die Konstante 1,00 Gültigkeit behält und somit Fehler der Stauscheibe in den Angaben der Rückseite zu suchen sind.

Um dies noch besonders nachzuweisen, wurde die Stauscheiben-Vorder- und -Rückseite an zwei ge-

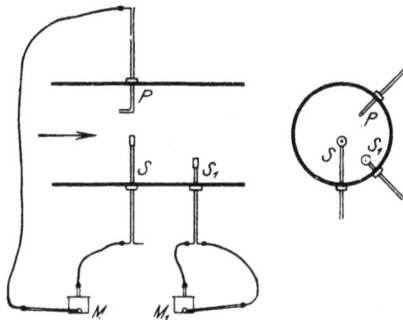

Fig. 18.

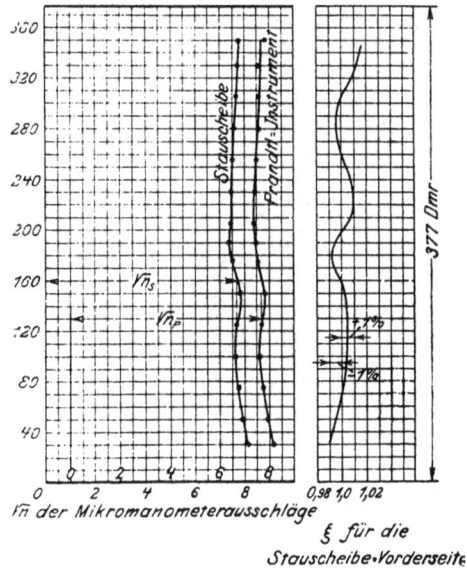

Fig. 19.

sonderte, auf gleiche Neigung eingestellte Mikromanometer angeschlossen und der statische Druck mit dem Prandtl-Instrument nach Fig. 20 ausgeschaltet.

Die gleichzeitig abgelesenen Ausschläge der beiden Seiten sind in Fig. 21[1]) aufgetragen und das Verhältnis der bezüglichen Werte statt zu 0,37 zu 0,47 bis 0,57 gefunden worden.

Der Widerspruch, in dem diese Ergebnisse mit den von Recknagel gefundenen stehen, dürfte voraussichtlich darin seine Erklärung finden, daß Recknagel zu seinen Arbeiten einen Rundlaufapparat benutzt hat. Die Strömungsverhältnisse der Luft beim Kreislauf des Apparates (Mitwind, Zentrifugalkraft) sind zweifellos andere wie die im Rohr, und die obigen Untersuchungen haben ergeben, daß die Stauscheibe von diesen Strömungsverhältnissen beeinflußt

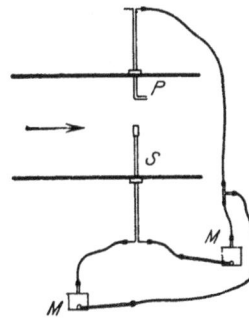

Fig. 20.

wird. Es gilt auch hier wieder der Grundsatz: Meßinstrumente dürfen nur im Sinne ihrer Verwendung geeicht werden.

---

[1]) Beim Betrachten der Kurven für die Stauscheibe-Vorder- bzw. Rückseite könnten die Schwankungen der ersteren Bedenken hervorrufen. Diese werden hinfällig durch den Vergleich mit der gestrichelten Kurve, die am vorigen Tage bei genau denselben Verhältnissen sowohl mit der Stauscheibe wie auch mit dem Prandtl-Instrument aufgenommen worden ist und sich mit der Kurve für Stauscheibe-Vorderseite vollständig deckt.

Mit den vorstehend mitgeteilten Ergebnissen der Versuche der Prüfungsanstalt stehen die von Krell jun. gewonnenen in Widerspruch [1]).

Krell benutzte einen »freien Luftstrom ohne jeden Druck« und bemerkt, daß im Luftstrom 50 cm vor der Mündung fast genau der gleiche Druck herrschte wie im Versuchsraum am Aufstellungsort des Mikromanometers, sodaß also die gemessenen Drücke allein auf den Einfluß der Windgeschwindigkeit zurückgeführt werden können.

Er untersuchte in diesem Luftstrom eine mit einer Bohrung versehene Scheibe und fand als Verhältnis der Koeffizienten für Vorder- und Rückseite

1 : 0,372,

also eine Bestätigung des Recknagel'schen Wertes.

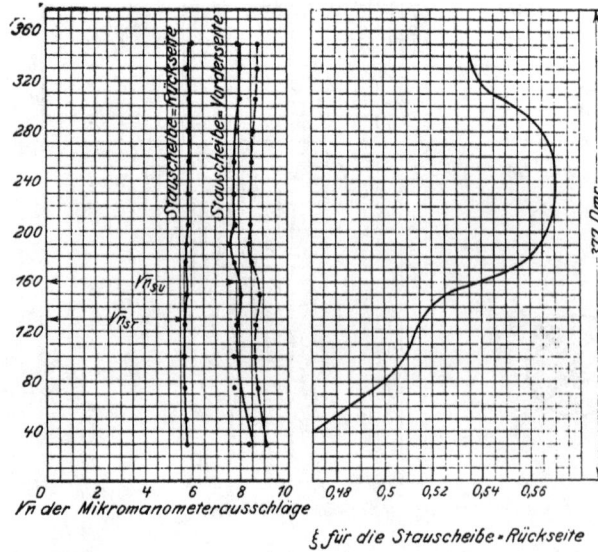

Fig. 21.

Bei den diesbezüglichen in der Prüfungsanstalt durchgeführten Kontrollversuchen wurde die Stauscheibe in verschiedenen Entfernungen von der Rohrmündung untersucht. Das Ergebnis ist in Tabelle 4 zusammengestellt.

Tabelle 4.

Nr. des Versuchs	Entfernung von der Mündung in mm	Stauscheiben-koeffizient ξ
1	0	0,394
2	1000	0,380
3	2000	0,404
4	2500	0,436
5	2750	0,490
6	3000	0,499

Die Umstände, auf die das Ansteigen der Stauscheibenkoeffizienten mit zunehmender Entfernung vom Rohrende zurückzuführen sind, entziehen sich zurzeit noch der sicheren Kenntnis; als erwiesen dürfte nur anzusehen sein, daß aus den Ergebnissen von hinter dem Rohrende angestellten Versuchen keine

[1]) Otto Krell jr. »Über Messung von dynamischem und statischem Druck bewegter Luft.«

Bestätigung der Recknagelschen Konstante für Messungen innerhalb von Rohrleitungen abgeleitet werden kann.[1])

Mit den vorstehend mitgeteilten Versuchen und deren Ergebnissen konnten die Untersuchungen der Stauscheibe als abgeschlossen betrachtet werden. Aus-

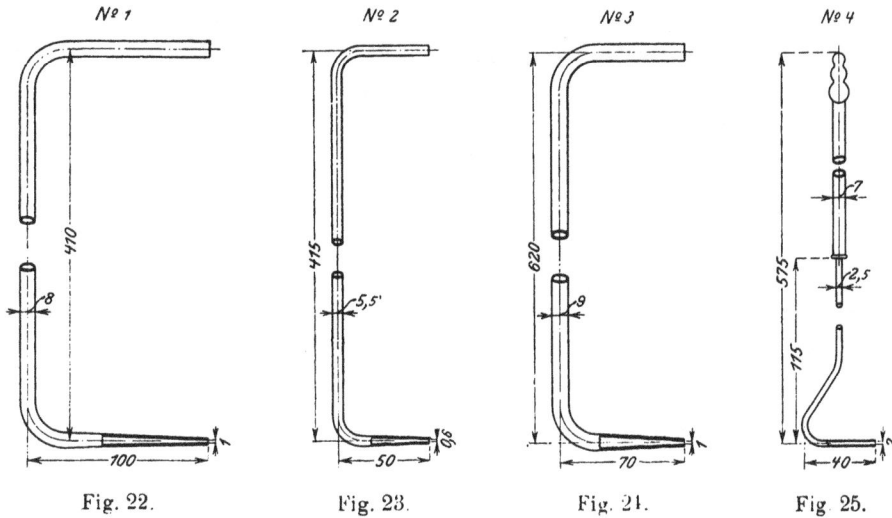

Fig. 22.　　　Fig. 23.　　　Fig. 24.　　　Fig. 25.

ihnen geht hervor, daß für die Vorderseite der Stauscheibe die Konstante $\xi = 1$ angenommen werden muß, für die Rückseite aber nur schwankende Werte zu verzeichnen sind.

Diese Tatsache gab zu einer weiteren Untersuchung des Pitotrohres Veranlassung. Die in Fig. 22—25 dargestellten Formen wurden in der früher erwähnten Weise (Fig. 15) mit dem Prandtl·Instrument verglichen, wobei der statische Druck unter Verwendung des letzteren Instrumentes zur Ausschaltung kam (Fig. 18). Das Ergebnis der Vergleichsversuche zeigt die Fig. 26. Bis auf vereinzelte Punkte liegen die Abweichungen innerhalb ± 1%, woraus zu ersehen ist, daß alle untersuchten Pitotrohre, bei richtigem Ausschalten des

[1]) Siehe auch Taylor: ›A form of Pitot Tube for measuring the air velocities.‹ Eng. News 1903, Nr. 11.

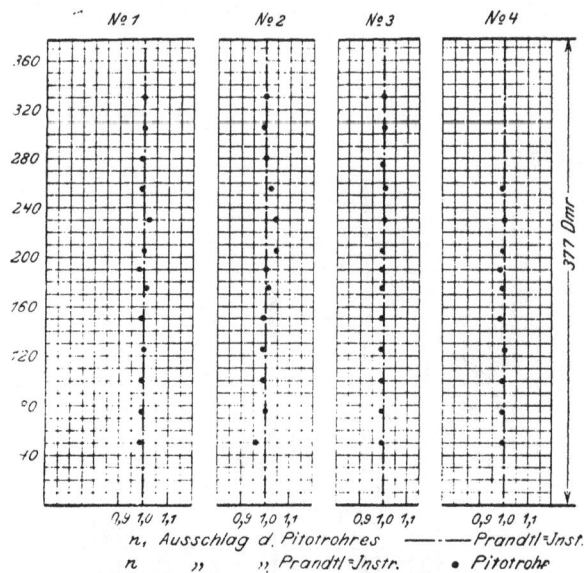

Fig. 26. Vergleich verschiedener Pitotrohre mit dem Prandtl-Instrument (Abszissen: $\sqrt{\frac{n_1}{n}}$).

4*

statischen Druckes die Konstante $\xi = 1$ mit für praktische Messungen genügender Genauigkeit aufweisen.

Alle bisher gewonnenen Ergebnisse sowie die Erfahrungen, die mit den bereits früher erwähnten aus dem Pitotrohr entstandenen Meßinstrumenten in Amerika gemacht worden sind, haben den ständigen Assistenten der Prüfungsanstalt, Privatdozent Dr. B r a b b é e , zu der in Fig. 27 und 28 dargestellten Konstruktion geführt[1]).

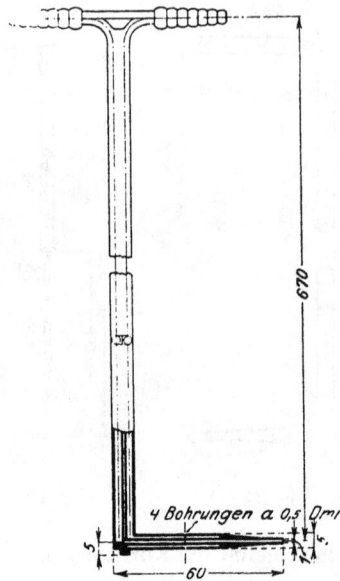

Fig. 27.

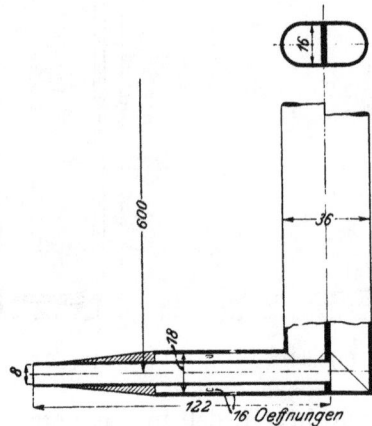

Fig. 28.

Die Einfachheit der freien Spitze und des hinter ihr in Lötmaterial aufgesetzten Kegels ließ vermuten, daß die so ausgeführten Instrumente den Wert $\xi = 1$ u n a b h ä n g i g von den Ungenauigkeiten fabrikmäßiger Herstellung aufweisen würden, und daß sonach die Eichung jedes einzelnen Instrumentes entfallen könnte.

Um hierüber Klarheit zu schaffen, wurden folgende Versuche ausgeführt:

1. Vergleich des Staurohres mit dem P r a n d t l -Instrument,

2. Vergleich von Staurohren untereinander,

3. Eichung des Staurohres mittels Anemometer im 377 und 179 mm weiten Rohr,

4. Eichung am Kubizierapparat im 100 mm weiten Rohr.

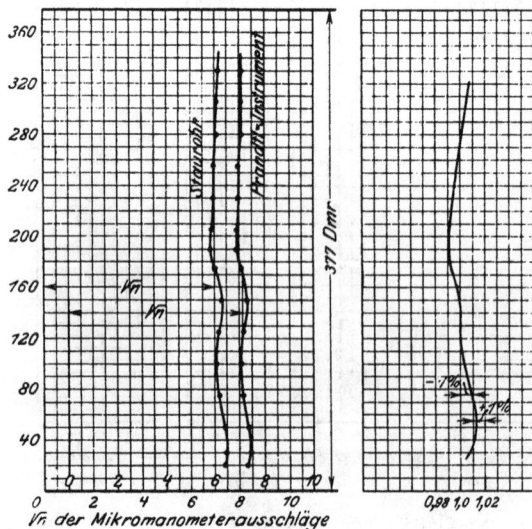

Fig. 29.

[1]) Das Instrument führt den Namen »Staurohr« (D.R.G.M. 392858). Zu beziehen von der Firma G. A. S c h u l t z e , Charlottenburg.

— 49 —

1. Vergleich des Staurohres mit dem Prandtl-Instrument.

Die diesbezüglichen Untersuchungen sind in der üblichen Weise ausgeführt, die Ergebnisse zeigt Fig. 29. Die Abweichungen betrugen ± 1%. Bemerkt sei, daß bei direktem Gegenschalten der Anschlüsse für die Messung des statischen Druckes die beobachteten Schwankungen obige Grenzen ebenfalls nicht überschritten.

2. Vergleich von Staurohren untereinander.

Zwölf verschiedene Staurohre, von denen eines in Fig. 27 und ein wesentlich anderes in Fig. 28 in $^1/_3$ der natürlichen Größe dargestellt ist, wurden in der bereits erwähnten Weise untereinander verglichen und hierbei die größten Abweichungen zu ± 1,5% gefunden. Für zwei Versuche sind die Vergleichskurven in Fig. 30 und 31 aufgetragen.

3. Eichung des Staurohres mittels Anemometer.

a) Im 377 mm weiten Rohr.

Die Versuchsanordnung ist aus Fig. 32 und 33 zu ersehen. Um eine

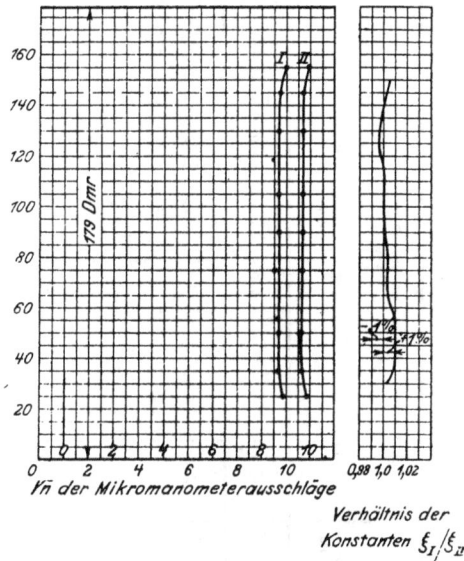

Fig. 30.

möglichst gleichmäßige Luftförderung zu erzielen, ließ man den Ventilator direkt vom Fußboden in den Isolierraum ausblasen, setzte auf diese Weise den ganzen Raum unter Druck, wodurch letzterer als Windkessel wirkend tatsächlich die Schwankungen wesentlich ausglich. Der Einfluß der verbleibenden Ungleichmässigkeiten kam dadurch zur Ausschaltung, daß jeder Versuch auf nur 30 Sekunden beschränkt wurde, welche Zeit auf Fünftelsekunden festgestellt werden konnte.

Diese kurze Versuchsdauer brachte es aber mit sich, daß die Geschwindigkeit nur an einer einzigen Stelle, z. B. der Rohrachse, bestimmt werden konnte und sonach durch Vorversuche das Verhältnis zwischen der axialen (v_a) und der mittleren (v_m) Geschwindigkeit bekannt sein mußte. Die diesbezüglichen, für zwei zueinander senkrechte Durchmesser aufgenommenen Werte zeigt die Tabelle 5 und die Fig. 34 bis 35, aus denen sich als Mittelwert

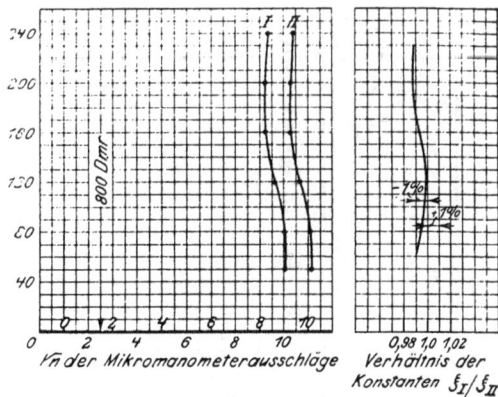

Fig. 31.

$$v_m = 0{,}917\, v_a \text{ errechnet.}$$

Tabelle 5.

horizontal gemessen

Nr. des Versuchs	Abstand d. Standrohres v.d. Rohrwand	Nullpunkt n_0	Ausschlag n_1	Differenz $n = n_1 - n_0$	Korrigiert n.d.Kontr.-Mikr. n_{kor}	Geschw.-Druck in mm W.S. $h = f n_{kor}$	Luftgeschw. in m/sek. $v = 4{,}09\sqrt{h}$	Kontroll-Mikromanometer Ausschlag n_1	Korr. bezog. auf $n_1 = 55$
1	5		115,0	22,5	20,7	0,422	2,66	56,8	—1,8
2	10		119,0	26,5	24,7	0,504	2,90	56,8	—1,8
3	20		129,0	36,5	35,1	0,716	3,46	56,4	—1,4
4	35		136,2	43,7	42,2	0,861	3,80	56,5	—1,5
5	50		138,0	45,5	45,4	0,926	3,94	55,1	—0,1
6	90		142,0	49,5	49,6	1,011	4,11	54,9	+0,1
7	120		143,5	51,0	50,9	1,038	4,17	55,1	—0,1
8	150		143,8	51,3	51,1	1,042	4,18	55,2	—0,2
9	190		142,0	49,5	49,3	1,007	4,11	55,2	—0,2
10	230		142,3	49,8	49,4	1,008	4,11	55,4	—0,4
11	260		141,2	48,7	50,5	1,029	4,15	53,3	+1,7
12	290		140,0	47,5	49,0	1,000	4,09	53,5	+1,5
13	330		138,0	45,5	44,7	0,912	3,91	55,8	—0,8
14	345		137,5	45,0	44,4	0,906	3,89	55,6	—0,6
15	360		133,5	41,0	40,7	0,830	3,72	55,3	—0,3
16	370		121,5	29,0	29,4	0,600	3,17	54,6	+0,4
17	374	92,2	117,0	24,5	24,7	0,504	2,90	54,8	+0,2

Nullpunkt $n_0 = 92{,}8$; gerechnet mit $n_{0m} = \dfrac{92{,}8 + 92{,}2}{2} = 92{,}5$

Kontroll-Mikromanometer $n_0 = 7{,}2$

vertikal gemessen

Nr.	Nullpunkt n_0	Ausschlag n_1	Differenz $n = n_1 - n_0$	Korrigiert n.d.Kontr.-Mikr. n_{kor}	Geschw.-Druck in mm W.S. $h = f n_{kor}$	Luftgeschw. in m/sek. $v = 4{,}09\sqrt{h}$	Kontroll-Mikromanometer Ausschlag n_1	Korr. bezog. auf $n_1 = 55$
1		114,5	22,4	21,3	0,435	2,70	56,1	—1,1
2		119,0	26,9	26,4	0,539	3,00	55,5	—0,5
3		125,5	33,4	33,7	0,687	3,39	54,7	+0,3
4		135,0	42,9	43,3	0,884	3,85	54,6	+0,4
5		140,0	47,9	47,9	0,975	4,04	55,0	—
6		144,5	52,4	52,3	1,065	4,22	55,1	—0,1
7		145,5	53,4	53,4	1,09	4,27	55,0	—
8		144,5	52,4	52,4	1,07	4,23	55,0	—
9		141,0	48,9	49,0	1,00	4,09	54,9	+0,1
10		137,0	44,9	45,2	0,922	3,93	54,7	+0,3
11		134,3	42,2	42,2	0,861	3,80	55,0	—
12		134,5	42,4	43,2	0,882	3,84	54,2	+0,8
13		137,5	45,4	46,1	0,941	3,97	54,3	+0,7
14		136,8	44,7	44,7	0,912	3,91	55,0	—
15		128,0	35,9	36,3	0,740	3,52	54,6	+0,4
16		121,0	28,9	29,1	0,594	3,15	54,8	+0,2
17	92,0	114,0	21,9	22,0	0,449	2,74	54,9	+0,1

Nullpunkt $n_0 = 92{,}2$; gerechnet mit $n_{0m} = \dfrac{92{,}2 = 92{,}0}{2} = 92{,}1$

Ablesungen am Mikromanometer, Reduktionsfaktor $f = 0{,}0204$

Kontroll-Mikromanometer $n_0 = 7{,}2$

Bei dem dreifach durch-
geführten Hauptversuch ergab
sich:

$$v_a = 4{,}04 \text{ m/sek.}$$
$$v_m = 0{,}917 \; v_a = 3{,}7 \text{ m/sek.}$$

Hieraus rechnet sich die
im 377 mm weiten Rohr stündlich geförderte Luftmenge zu:

$$L = 3{,}7 \; \frac{0{,}377^2 \, \pi}{4} \; 3600$$
$$= 1486 \text{ cbm/std.}$$

Gleichzeitig ist mit den
Anemometern laut Tabelle 6

b. Vers. I $L = 1467{,}9$ cbm/std.
» » II $L = 1472{,}5$ cbm/std.
» » III $L = 1472{,}5$ cbm/std.

gefunden worden, woraus sich
die Abweichungen zu $+ 1{,}2$,
$+ 0{,}9$ und $+ 0{,}9\%$ ergeben.

b) Im 179 mm weiten Rohr.

Genau in der gleichen
Weise ist die Eichung des
Staurohres unter Benutzung
des 179 mm weiten Rohres
ausgeführt worden. Die Ane-
mometerwerte zeigt Tabelle 7,
die Geschwindigkeitsaufnahmen sind in Fig. 36—37 dar-

Fig. 32.

gestellt, und der Vergleich der Endwerte ergibt bei dem dreifach durchgeführten Versuch Abweichungen von $— 0{,}4$, $\pm 0{,}0$ und $+ 0{,}8 \%$.

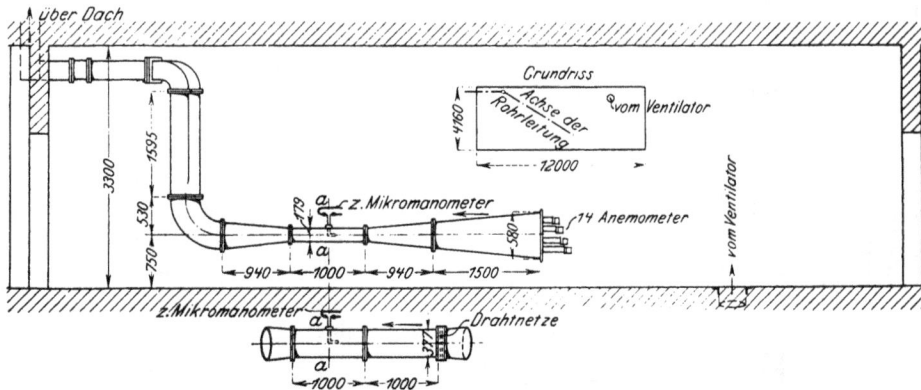

Fig. 33. Versuchsanordnung zur Eichung des Staurohres mittels Anemometer.

Tabelle 6.

A. Luftmenge mit den Anemometern gemessen

Inventar-Nr. des Anemometers	Versuch I					Versuch II					Versuch III				
	n_1 Anf.-Zahl	n_2 Endzahl	Differenz $n=n_2-n_1$	$\frac{n}{t}$	Luftmenge L ebm/std	n_1 Anf.-Zahl	n_2 Endzahl	Differenz $n=n_2-n_1$	$\frac{n}{t}$	Luftmenge L ebm/std	n_1 Anf.-Zahl	n_2 Endzahl	Differenz $n=n_2-n_1$	$\frac{n}{t}$	Luftmenge L ebm/std
29 a	3330	2944	386	12,85	108,5	2944	2549	395	12,95	108,5	2549	2156	393	12,75	107,2
29 b	8656	8261	395	13,15	104,5	8261	7853	408	13,38	106,5	7853	7449	404	13,11	104,0
29 c	4966	4585	381	12,70	106,0	4585	4195	390	12,80	107,0	4195	3806	389	12,63	105,4
29 d	5784	5511	273	9,10	109,0	5511	5234	277	9,09	107,8	5234	4956	278	9,05	108,6
31	4656	4338	318	10,60	100,1	4338	4014	324	10,63	102,0	4014	3675	339	11,00	103,9
192	7134	6718	416	13,85	109,2	6718	6294	424	13,90	109,2	6294	5873	421	13,66	107,6
810	0762	0362	400	13,35	106,8	0362	9952	410	13,44	107,2	9952	9545	407	13,21	105,6
841	5724	5343	381	12,70	101,5	5343	4956	387	12,70	101,5	4956	4567	389	12,63	107,0
894	4875	4497	378	12,60	103,8	4497	4113	386	12,65	104,4	4113	3720	393	12,75	105,2
843	0715	0334	381	12,70	105,6	0334	9943	391	12,83	106,3	9943	9545	398	12,95	107,5
846	5920	5520	400	13,35	104,0	5520	5116	404	13,25	102,6	5116	4715	401	13,03	101,5
847	2303	1918	384	12,80	101,8	1918	1525	393	12,90	102,6	1525	1130	395	12,83	101,8
893	2921	2538	383	12,77	102,6	2538	2151	387	12,70	101,7	2151	1761	390	12,66	101,7
897	8154	7785	369	12,30	104,5	7785	7407	378	12,40	105,2	7407	7028	379	12,30	104,5

Nullpunkt $n_0 = 91{,}9$; Ausschlag $n_1 = 139{,}8$; Differenz $n = n_1-n_0 = 47{,}9$

Versuchsdauer t in Sek.: Versuch I = 30,0; Versuch II = 30,5; Versuch III = 30,8

Summen: Versuch I: 1467,9; Versuch II: 1472,5; Versuch III: 1472,2

B. Luftmenge mit dem Staurohr gemessen

Barometerstand $b = 746{,}4$ mm Q.S., Temperatur der geförderten Luft $t = 21{,}5°$, mithin $\gamma = \dfrac{1{,}287 \cdot b}{(1+\alpha t)760} = 1{,}17$ und demnach $v = 4{,}09 \sqrt{\dfrac{h}{\gamma}}$ m/sek.

	Versuch I	Versuch II	Versuch III
Nullpunkt n_0	91,9	91,9	91,9
Ausschlag n_1	139,8	139,5	139,8
Differenz $n = n_1-n_0$	47,9	47,6	47,9
Reduktionsf. d. Mikromanom. f	0,0204		
Geschw.-Druck in mm W.S. $h = f \cdot n$	0,977	0,971	0,977
Luftgeschwind. in m/sek $v = 4{,}09\sqrt{h}$	4,04	4,03	4,04
Luftmenge L ebm/std $0{,}917\, v \cdot \frac{\pi d^2}{4} \cdot 3600$	1486	1486	1486
prozentuale Abweichungen	+1,2	+0,9	+0,9

Tabelle 7.

A. Luftmenge mit den Anemometern gemessen

Inventar-Nr. des Anemometers	Versuch I						Versuch II						Versuch III					
	Anf-Zahl n_1	Endzahl n_2	Differenz $n=n_2-n_1$	Versuchsdauer t in Sek.	$\frac{n}{t}$	Luftmenge L cbm/std.	Anf-Zahl n_1	Endzahl n_2	Differenz $n=n_2-n_1$	Versuchsdauer t in Sek.	$\frac{n}{t}$	Luftmenge L cbm/std.	Anf-Zahl n_1	Endzahl n_2	Differenz $n=n_2-n_1$	Versuchsdauer t in Sek.	$\frac{n}{t}$	Luftmenge L cbm/std.
29a	9682	9404	278		9,27	78,3	9404	9123	281		9,28	78,3	9123	8841	282		9,31	78,6
29b	4886	4594	292		9,74	77,7	4594	4298	296		9,77	77,8	4298	3999	299		9,87	78,6
29c	1314	1036	278		9,27	78,0	1036	0754	282		9,31	78,4	0754	0471	283		9,35	78,6
29d	3190	2990	200		6,67	80,4	2990	2792	198		6,54	78,6	2792	2593	199		6,57	79,0
31	2565	2325	240		8,00	76,0	2325	2087	238		7,85	74,6	2087	1853	234		7,72	73,5
192	3328	3030	298	30,0	9,93	78,5	3030	2727	303	30,3	10,00	79,0	2727	2424	303	30,3	10,00	79,0
840	6991	6706	285		9,50	76,6	6706	6415	291		9,60	77,5	6415	6123	292		9,64	77,8
841	2164	1887	277		9,24	74,1	1887	1605	282		9,31	74,7	1605	1327	278		9,18	73,5
894	1226	0945	281		9,36	77,2	0945	0659	286		9,45	78,0	0659	0379	280		9,25	76,4
843	7105	6829	276		9,20	76,6	6829	6552	277		9,15	76,1	6552	6278	274		9,05	75,5
846	2138	1845	293		9,77	76,0	1845	1549	296		9,77	76,0	1549	1255	294		9,70	75,6
847	9191	8910	281		9,37	74,8	8910	8626	284		9,38	74,8	8626	8344	282		9,31	74,3
893	0820	0539	281		9,37	75,2	0539	0258	281		9,28	74,8	0258	9980	278		9,18	73,7
897	4663	4400	263		8,76	74,5	4400	4135	265		8,75	74,4	4135	3868	267		8,81	75,0
					Summen:	1073,9						1073,0						1069,1

B. Luftmenge mit dem Staurohr gemessen

Temperatur der geförderten Luft $t = 19,5°$, Barometerstand $b = 748,5$ mm Q. S., mithin $\gamma = \dfrac{1,287 \cdot b}{(1+\alpha t)\,760} = 1,18$ und demnach $v = 4,07\sqrt{h}$ m/sek.

	Nullpunkt-Ausschlag n_0	Ausschlag n_1	Differenz $n=n_1-n_0$	Reduktionsf. d Mikromanom. f	Geschw.-Druck in mm W. S. $h=f\cdot n$	Luftgeschwind. in m/sek. $v=4,07\sqrt{h}$	Luftmenge L cbm/std. $0,917\,v\,\frac{\pi d^2}{4}\cdot 3600$
Versuch I	100,6	167,8	67,2	0,1405	9,45	12,5	1070
Versuch II	100,6	168,3	67,7		9,52	12,55	1073
Versuch III	100,6	168,8	68,2		9,6	12,6	1078

prozentuale Abweichungen: Versuch I − 0,4   Versuch II ± 0,0   Versuch III + 0,8

4. Eichung des Staurohres am Kubizierapparat im 100 mm weiten Rohr.

Für die Eichung wurde eine in den Fig. 38, 39 und 40 dargestellte Versuchsanordnung benutzt und die Eichung ähnlich wie die von Anemometern durchgeführt. Jedoch mußte dabei die Geschwindigkeitsverteilung aufgenommen und
mit Rücksicht auf die dazu nötige Zeit die Glocke mehrere Male gehoben und

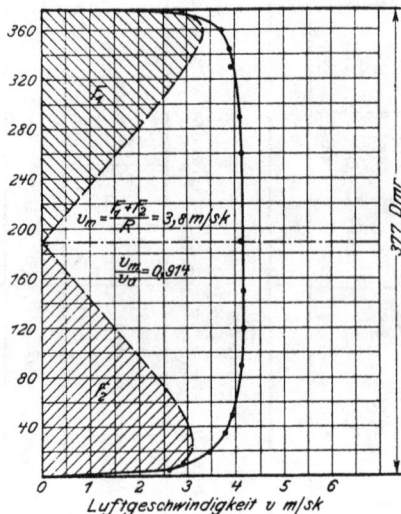

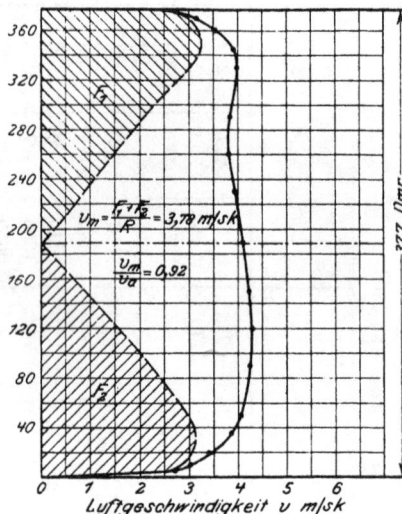

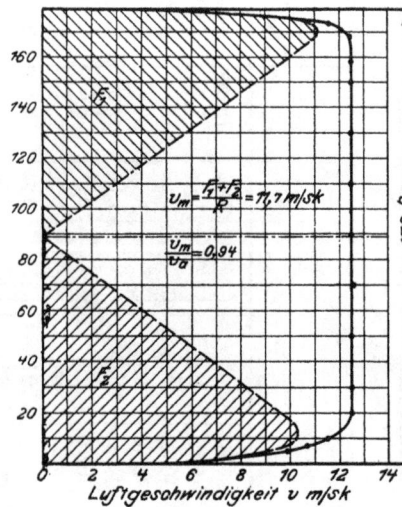

Fig. 34, horizontale Verteilung.   Fig. 35, vertikale Verteilung.

gesenkt werden, was einwandfrei geschehen konnte, da sich die Hubzeiten nur
um 0,25 % unterschieden.

Mit Rücksicht auf den nur 100 mm weiten Meßstutzen wurde ein Staurohr
verwendet, mit dem bis 3 mm von der Wand gemessen werden konnte. Aus

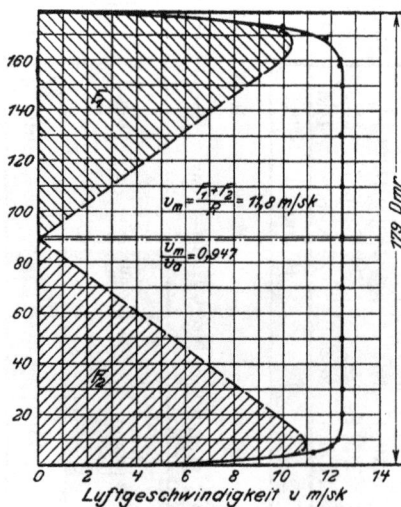

Fig. 36, horizontale Verteilung.   Fig. 37, vertikale Verteilung.

den beiden Geschwindigkeitsverteilungen für den vertikalen und horizontalen Querschnitt Fig. 41 und 42, 43
und 44 ist zu ersehen, wie
wesentlich die letzte Maß-
nahme für die richtige Auf-
zeichnung der Kurven war.
Bei der Auswertung dieses
Versuches ergab sich statt
der durch den Glockenhub
bestimmten Luftmenge von
1,000 cbm

a) im Saugstrom 1,005
und 1,000 cbm

b) im Druckstrom 0,996
und 0,992 cbm

woraus sich die Fehler zu
+0,5; ±0; —0,4 und —0,8%
errechnen.

II. Bestimmung der Druck-
verhältnisse bewegter Luft
in Rohrleitungen.

Die Ermittelung des dy-
namischen Druckes ist durch
das vorstehende Kapitel be-

Fig. 38.

reits als erledigt anzusehen, somit sind nur noch der Bestimmung des
statischen Druckes einige Worte zu widmen.

Nachdem durch die Versuche mit dem Staurohr erwiesen ist, daß mit demselben der dynamische Druck bestimmt werden kann, daß somit dieser Apparat

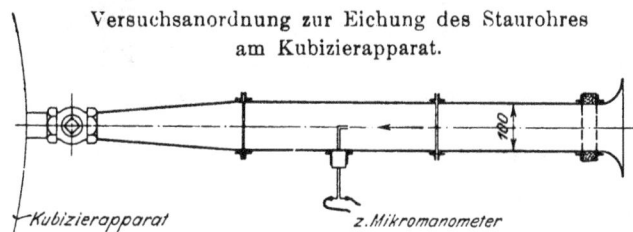

Versuchsanordnung zur Eichung des Staurohres
am Kubizierapparat.

Kubizierapparat   z. Mikromanometer

Fig. 39, im Saugstrom.

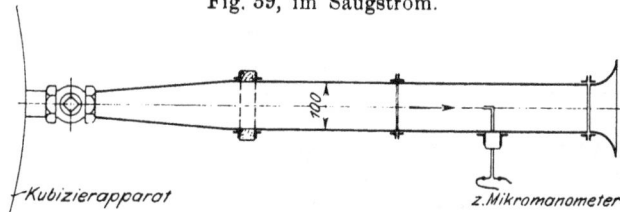

Kubizierapparat   z. Mikromanometer

Fig. 40, im Druckstrom.

den statischen Druck richtig ausschaltet, kann auch die Messung des letzteren mit Hülfe des erwähnten Instrumentes erfolgen[1]).

Im Saugstrom:

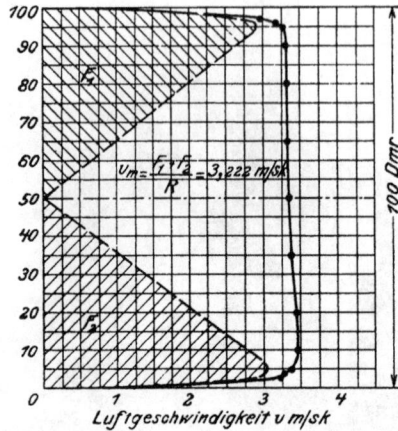

Fig. 41, horizontale Verteilung.

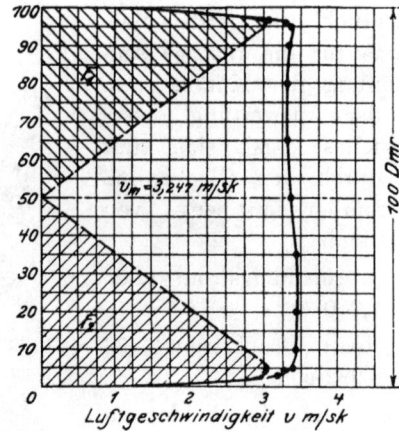

Fig. 42, vertikale Verteilung.

Im Druckstrom:

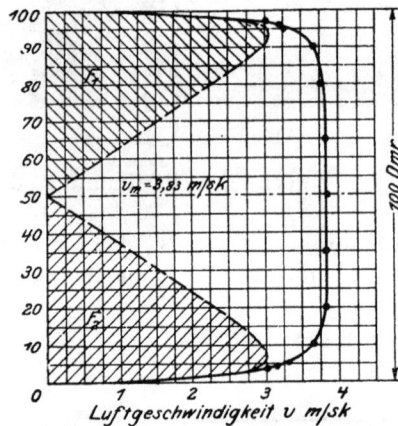

Fig. 43, horizontale Verteilung.

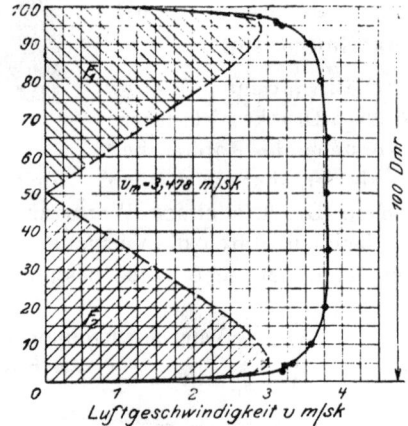

Fig. 44, vertikale Verteilung.

Zum Nachweis, daß dagegen die Bestimmung des statischen Druckes mit Hilfe der auf S. 34 angegebenen Anordnungen einwandfrei nicht möglich ist, mögen noch folgende Versuche Anführung finden.

[1]) Wird bei Feststellung statischer Druckdifferenzen durch entsprechende Wahl der Rohrdurchmesser dafür gesorgt, daß an beiden Meßstellen dieselbe Geschwindigkeit herrscht, so ist die Bestimmung des Druckunterschiedes genau. Beträgt die Differenz der an den Meßstellen auftretenden Geschwindigkeitshöhen nicht mehr als $^1/_3$ des zu bestimmenden Druckunterschiedes, so ist für letzteren — entsprechend der Fehlergrenze für die Geschwindigkeitsmessung — eine Meßgenauigkeit von mindestens $\pm$ 2 % anzunehmen.

Auf der Gutehoffnungshütte (s. Anhang) wurden aus Glas hergestellte Pitotrohre geeicht und dabei der statische Druck nach Fig. 45 ausgeschaltet. Hierbei ergaben sich als Koeffizienten für das Pitotrohr die Werte

$$\xi = 1,17$$
$$\xi = 1,11.$$

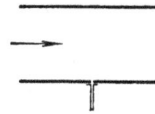

Fig. 45.

In ähnlicher Weise war seinerzeit das in Fig. 46 dargestellte Messingpitotrohr am Kubizierapparat der Prüfungsanstalt untersucht, d. h. der statische Druck ebenfalls mittels einer feinen Rohranbohrung ausgeschaltet und hierbei

$$\xi = 1,14$$
$$\xi = 1,10$$

bestimmt worden.

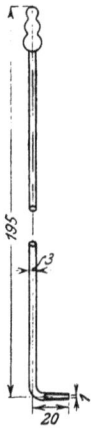

Fig. 46.

Diese Ergebnisse stehen im Widerspruch mit dem für Pitotrohre gefundenen Wert $\xi = 1$ und da bis auf die Ausschaltung des statischen Druckes die ganze Versuchsanordnung unverändert blieb, so folgt, daß Messungen mittels Anbohrungen in der Rohrwand zu keinen einwandfreien Ergebnissen führen.

Auch die Ser'sche Scheibe mißt in Rohrleitungen den statischen Druck, wie bereits erwähnt, nicht einwandfrei. Vergleichsversuche zwischen diesem Instrument und dem Staurohr, die nach Fig. 47 durchgeführt wurden, haben folgende Unterschiede ergeben:

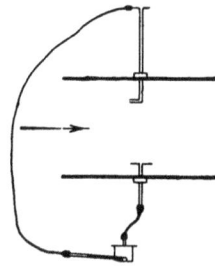

Fig. 47.

Nr. des Versuchs	Dynam. Druck h_d in mm WS	Unterschied des statischen Druckes	
		in mm W.S.	in % auf h_d bezogen
1	15	— 2,7	— 18
2	27	— 3,8	— 14
3	36	— 5,8	— 16

Zusammenfassung.

1. Meßinstrumente sind nur im Sinne ihrer Eichung zu benützen.

2. Der bisher bei Bestimmung von Luftgeschwindigkeiten für die Stauscheibe angenommene Koeffizient von 1,37 bestätigt sich nicht bei Anwendung dieses Meßinstrumentes in Rohrleitungen.

3. Die Messung des statischen Druckes bewegter Luft mittels Rohranbohrungen oder mit Hilfe Ser'scher Scheiben ist nicht als einwandfrei zu betrachten.

4. In Rohrleitungen kann die Luftgeschwindigkeit mit einer Genauigkeit von ± 2⁰/₀ durch das mit dem Koeffizienten 1,00 zu benützende »Staurohr« bestimmt werden. Gleichzeitig ist dieses Instrument mit einer für die Praxis genügenden Genauigkeit zur Messung statischer Druckdifferenzen geeignet[1]).

5. Für einwandfreie Luftmengenmessungen ist die Bestimmung der Geschwindigkeiten mindestens über zwei, senkrecht zu einander stehende Durchmesser und zwar bis dicht an die Rohrwand nötig. Vorausgesetzt ist hierbei eine gleichmäßige Geschwindigkeitsverteilung über den Meßquerschnitt, die gebotenenfalls durch Gleichrichtungsröhren, Messingnetze usw. zu erzielen ist.

[1]) Siehe Fußnote S. 56.

Anhang zu III.

Messung von Luftgeschwindigkeiten mittels eines Gasometers.

Von Dipl.-Ing. Max Berlowitz.

Bericht an die Prüfungsanstalt für Heizungs- und Lüftungseinrichtungen.

A. Versuchsanordnung [1]).

Zu den Versuchen wurde ein in der Fig. 1 dargestelltes, teleskopförmiges Gasometer der Gutehoffnungshütte, Oberhausen, von 5000 cbm Inhalt benutzt, dessen Füllung durch ein elektrisch betriebenes Gebläse in rd. zwei Stunden erfolgen konnte. An das Gasometer schloß sich eine rund 40 m lange, 8 m über der Erde befindliche Rohrleitung von 2000 mm Durchm., an deren Ende nach Maßgabe der Fig. 1 die gußeiserne Versuchsleitung von drei je 4 m langen, 400 mm weiten Rohren montiert war. Das mittlere dieser Rohre war auf 405 mm Durchm. ausgebohrt und mit zwei senkrecht zueinander stehenden Bohrungen zum Einführen der Meßinstrumente versehen. Die Endrohre waren zur Messung des statischen Druckes mit durchbohrten Messingpfropfen versehen, die mit der inneren Rohrwand glatt abschnitten. Am Ende der Rohrleitung befand sich ein Schieber, durch den eine beliebige Luftgeschwindigkeit eingestellt werden konnte.

B. Meßvorrichtung und Instrumente.

Die Messung der Glockenhöhe erfolgte auf drei je um 120° versetzten Säulen dadurch, daß auf ein minutlich abgegebenes Hornsignal drei Beobachter auf vorher aufgezogenen Papierstreifen einen horizontalen Bleistiftstrich verzeichneten. Gleichzeitig wurden Temperatur und Druck der Luft auf dem

---

[1]) Die ganze Versuchsanordnung war vom »Ausschusse zur Aufstellung von Regeln für Leistungsversuche an Ventilatoren und Kompressoren« zur Vornahme von Düseneichungen ausgeführt worden und konnte mit Rücksicht auf die zur Verfügung stehende Zeit für die vorzunehmenden Versuche nicht mehr abgeändert werden, obwohl dies hinsichtlich einiger Einzelheiten erwünscht gewesen wäre.

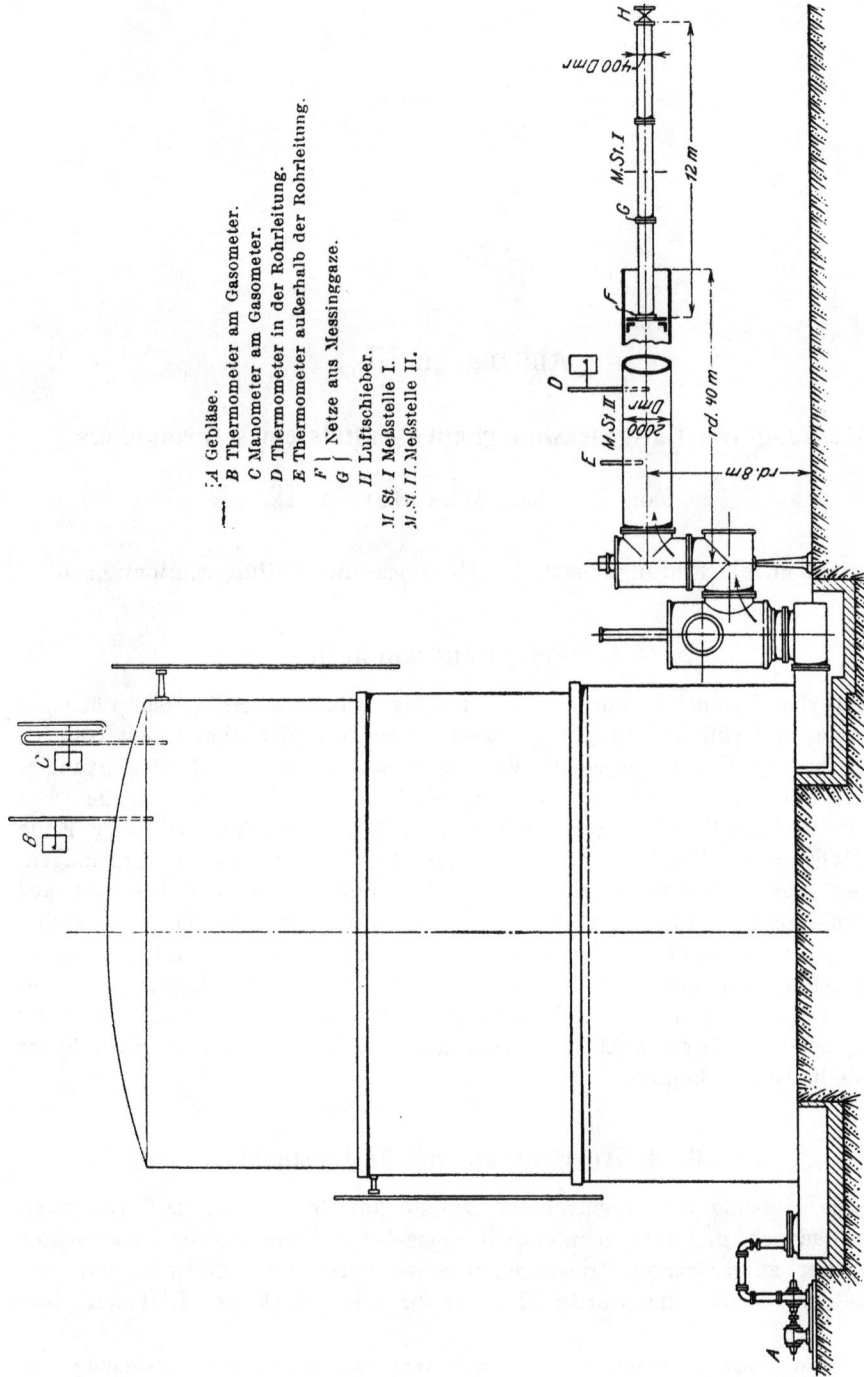

A Gebläse.
B Thermometer am Gasometer.
C Manometer am Gasometer.
D Thermometer in der Rohrleitung.
E Thermometer außerhalb der Rohrleitung.
F ⎱ Netze aus Messinggaze.
G ⎰
H Luftschieber.
M.St. I Meßstelle I.
M.St. II. Meßstelle II.

Fig. 1.

Glockenboden sowie die Temperaturen innerhalb und außerhalb (im Schatten) der Rohrleitung mit Quecksilberthermometern bzw. Wassermanometern gemessen, welche Ablesungen durch registrierende Manometer und Thermographen kontrolliert werden konnten. Die Meßstelle II (in Fig. 1 mit M. St. II bezeichnet) befand sich am Orte vorhergegangener Düsenversuche und war rund 40 m von der Meßstelle I (M. St. I) entfernt, an welcher die manometrischen Messungen stattfanden. Zu den letzteren wurde ein Recknagelsches Mikromanometer der Prüfungsanstalt mit Alkoholfüllung benutzt. Das Instrument ist für die verwandten Neigungen, die genau einstellbar sind, mittels einer mitgenommenen Flüssigkeitsprobe in der Prüfungsanstalt nachträglich geeicht. Zum Zwecke der Ablesungen waren an beiden Meßstellen provisorische Holzgerüste aufgebaut.

C. Vorversuche.

Da das Personal durch früher stattgehabte Versuche mit den Einrichtungen und Ablesungen am Gasometer vertraut war, erstreckten sich die Vorversuche in der Hauptsache auf die Untersuchung und Verbesserung der Luftverteilung im Meßrohr von 405 mm Durchm.

Sowohl bei gedrosseltem wie bei geöffnetem Schieber zeigten die ersten Aufnahmen mit der Stauscheibe und dem Pitotrohr außerordentlich ungleichmäßige Querschnittsverteilungen. Infolge der sehr großen Eintrittskontraktion beim Übergang vom 2000 mm weiten auf das 400 mm weite Rohr betrug die Geschwindigkeit der mittleren Fäden ungefähr das 1,5fache der Randgeschwindigkeit. Es wurde daher zwischen die vor dem Meßquerschnitt befindlichen Flansche ein Netz aus Messinggaze von 13,5 Fäden auf 1 cm zwischengeschaltet und ferner zur Vermeidung von Rückwirkungen auf eine Drosselung des Schiebers überhaupt verzichtet. Die weiteren Aufnahmen mit dem Pitotrohr zeigten zwar eine wesentliche Besserung, wiesen jedoch sowohl in der vertikalen wie in der horizontalen Richtung an einer bestimmten Stelle in der Nähe der Wandung auf einen heftigen Luftwirbel hin. Da dieser nicht anders als durch Ungleichmäßigkeiten des Drahtnetzes oder Verschieben der Dichtung erklärt werden konnte, so wurde noch am Abend desselben Tages das eingeschaltete Drahtnetz nachgesehen, ein zweites vor den Flansch des ersten Rohres gesetzt und daraufhin, da keine Zeit zu verlieren war, beschlossen, am nächsten Tage mit dieser Einrichtung die Hauptversuche zu beginnen.

D. Hauptversuche.

Da die Versuchsdauer wegen der bevorstehenden Ingebrauchnahme des Gasometers auf das Äußerste beschränkt werden mußte, so wurde nur mit der inneren Glocke von 8500 mm Hub gearbeitet; die Druck- und damit die Geschwindigkeitssteigerung bei Verwendung beider Glocken war ohnehin nur gering. Bei den Düsenversuchen hatte es sich bereits zur Bestimmung der Einflüsse von Undichtigkeiten und Temperaturänderungen auf das Gasometervolumen als zweckmäßig herausgestellt, vor und nach jedem eigentlichen Versuch einen Undichtigkeitsversuch zu machen, d. h. bei geschlossenem Schieber alle zwei Minuten Glockenstand, Temperatur und Druck abzulesen, welche bewährte Einrichtung beibehalten wurde.

Es gelangten folgende Instrumente zur Untersuchung, die in Fig. 2 dargestellt sind:

1. Zwei Stauscheiben gleicher Konstruktion der Gutehoffnungshütte (mit I und II bezeichnet) von 20 mm Durchm. (Fig. 2 a);

2. ein Pitotrohr der Prüfungsanstalt aus Glas von 1 mm Öffnung (Fig. 2 b);

3. ein Doppelrohr von Prof. Dr. Prandtl, dessen Konstruktion und Abmessungen aus Fig. 2 c ersichtlich sind.

Zunächst wurde mit dem Pitotrohr der Prüfungsanstalt gearbeitet; hierbei ergab sich die große Schwierigkeit, den statischen Druck richtig auszuschalten.

Eine kleine Anbohrung war im Meßquerschnitt nicht vorhanden und konnte ohne großen Zeitaufwand auch nicht hergestellt werden, die Anwendung einer Ser'schen Scheibe war wegen der ungenauen Fixierung ihrer Lage zu unsicher, so daß nichts anderes übrig blieb, als die nächstliegende Anbohrung im Abstande von 2,2 m zu benutzen und bei der Berechnung den Verlust an Reibungshöhe zu berücksichtigen.

Zwei Aufnahmen (Versuch I α, β) sowohl im horizontalen als im vertikalen Durchmesser über eine Meßlänge von 395 mm zeigten unter sich übereinstimmende Werte, wiesen aber trotz der getroffenen Maßregeln den bereits am vorherigen Tage beobachteten Luftwirbel an derselben Stelle wieder auf, ohne daß sich eine Erklärung dafür finden ließ. Immerhin war der Einfluß dieses Wirbels so klein, daß er die Brauchbarkeit der Versuche nicht in Frage zu stellen schien.

Bei Beginn weiterer Versuche setzte ein heftiger Wind ein, der auf die 6 m vor der Mündung liegende Meßstelle noch derart einwirkte, daß das ohnehin schon schwierige Ablesen des Mikromanometers wegen der starken Meniskusschwankungen zur Unmöglichkeit wurde. Auf weitere Messungen mit dieser Anordnung mußte daher verzichtet werden. Dagegen ermöglichten die folgenden von anderer Seite ausgeführten Düsenversuche, bei denen man durch Einbau einer Düse am Ende der Rohrleitung vom Wind unabhängig war, gleichzeitig manometrische Messungen. Zunächst wurde eine Düse von 225 mm Durchm. verwendet, durch die sich der statische Druck, der beim freien Ausblasen rd. 3 mm W. S. betragen hatte, auf 46—48 mm W. S. erhöhte und die Luft-

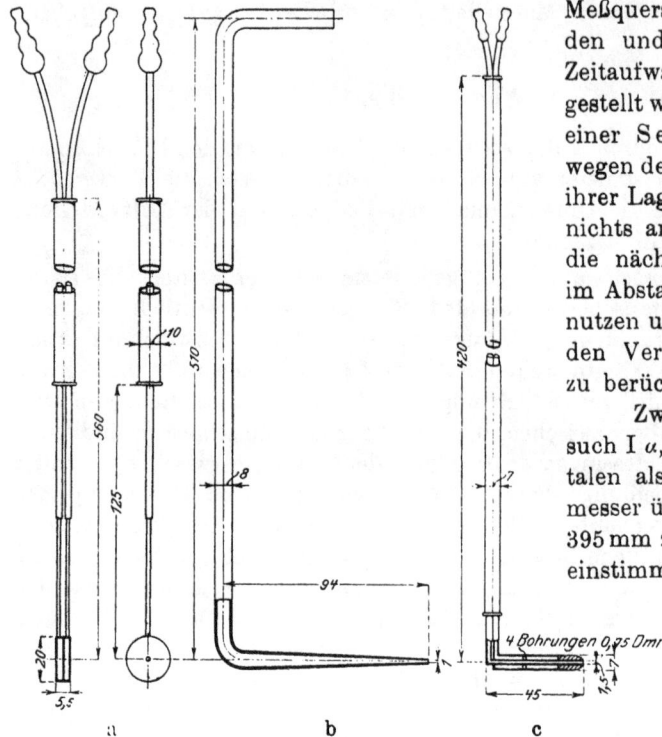

Fig. 2.

geschwindigkeit entsprechend verringerte. Bei dieser Anordnung wurden nun die Messungen mit den beiden Stauscheiben (Versuch II α, β), dem Prandtlschen Doppelrohr, (Versuch III α, β) und dem Glaspitotrohr der Prüfungsanstalt (Versuch IV α, β) vorgenommen.

Mit jedem dieser Instrumente (die beiden gleichen Stauscheiben zählen in diesem Zusammenhang als ein Instrument) wurden zwei Aufnahmen sowohl im horizontalen wie im vertikalen Durchmesser gemacht, die unter sich sehr gut übereinstimmten. Auch jetzt wiesen sämtliche Aufnahmen den vorher beobachteten Luftwirbel wieder auf. Der statische Druck wurde beim Glaspitotrohr wiederum durch die 2,2 m hinter der Meßstelle (im Sinne des Luftstroms) befindliche Anbohrung ausgeschaltet.

Da die Messung der Temperatur in der Rohrleitung rd. 45 m vor dem Querschnitt der Geschwindigkeitsmessung stattfand, die Luft aber auf ihrem Wege den verschiedensten äußeren und inneren Temperatureinflüssen ausgesetzt war, so wurde während des letzten Versuchs die Temperatur zur Kontrolle auch im 405 mm Rohr gemessen.

Der Versuch bei Vorschaltung einer kleineren Düse von 140 mm l. W. führte insofern zu keinem Resultat, als die Geschwindigkeit und somit die Ausschläge auf dem Mikromanometer bereits sehr klein wurden, eine geringere Neigung jedoch ohne Beeinträchtigung der Sicherheit der Ablesung nicht mehr eingestellt werden konnte.

Nach Ausbau der Versuchsleitung stellte sich endlich der Grund für die beobachteten Luftwirbel heraus. Beim Ausbohren des Rohres war eine Stelle in der Mitte, entsprechend einem Zentriwinkel von rd. 150°, nicht vom Stahl angegriffen worden. Wegen der an dieser Stelle vergrößerten Reibung strömte die Luft von der Wand nach der Mitte zu ab und erzeugte auf diese Weise den beobachteten Wirbel.

E. Auswertung.

1. Bestimmung des Gasometervolumens.

a) Scheinbares Volumen.

Um aus den Daten der Meßstreifen die Fehler der Beobachter nach Möglichkeit auszuschalten, wurden die an den drei Säulen in der Zeitdauer z beobachteten Senkungen einzeln im Maßstab 1 : 5 aufgezeichnet; in diesem betrug 1 % minutlicher Senkung 0,5 mm. Die durch die Meßpunkte gelegten mittleren Graden ergaben für die drei Säulen die Gesamtsenkungen H_1, H_2 und H_3, die infolge Eckens der Glocke unbedeutende Abweichungen voneinander zeigten. Während der Beobachtungsdauer waren die Temperaturschwankungen sowie die Druckänderungen infolge des wachsenden Tauchverlustes so klein, daß deren Einfluß in dem angewandten Maßstab nicht sichtbar wurde. Die Senkung H' ergab sich dann als arithmetisches Mittel zu

$$H' = \frac{H_1 + H_2 + H_3}{3}$$

und das scheinbare Volumen zu $V' = H' \cdot F$, wobei F den Glockenquerschnitt bedeutet, der bereits vorher von der erwähnten Kommission durch Umfangmessungen bestimmt worden war.

5*

b) Wirkliches Volumen.

Das wirkliche Volumen folgte aus dem scheinbaren durch Berücksichtigung der Einflüsse von Undichtigkeit und Temperaturänderungen. Unter Undichtigkeitskonstante c_u sei in folgendem die Glockensenkung in mm/min.
verstanden, die allein infolge von Undichtheit erfolgte, unter Temperaturkonstante c_t die Steigung bzw. Senkung der Glocke in mm, die infolge der Temperaturänderung von 1^0 C entstand. Bevor die Ermittlung der absoluten Größen
dieser Konstanten erfolgen konnte, mußten zunächst ihre Abhängigkeiten untersucht werden. Bei den verwandten großen Hubgeschwindigkeiten betrug der
Undichtigkeitsverlust nur wenige Prozent des Gesamtvolumens, so daß man
hier den Einfluß der kleinen durch Wachsen des Tauchverlustes entstehenden
Druckänderungen vernachlässigen
konnte. Da überdies die Gasometerglocke kaum, sondern nur

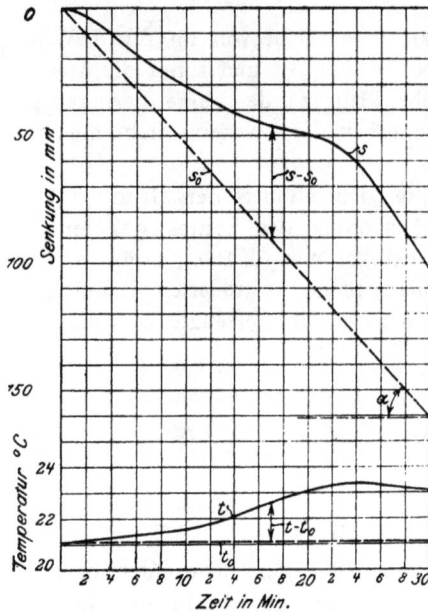

Fig. 3.

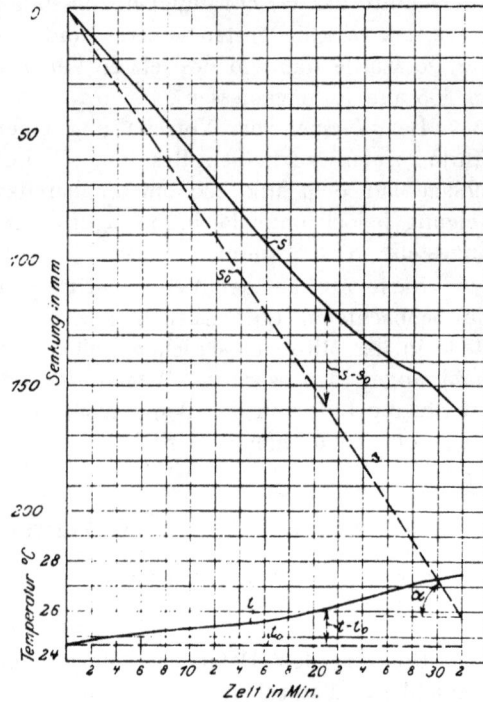

Fig. 4.

die angebauten Rohrleitungen Undichtigkeitsverluste verursachten, so konnte
man c_u auch von der veränderlichen Glockenhöhe als unabhängig betrachten
und jeweilig das Mittel aus dem Vor- und Nachversuch nehmen.

Anders dagegen verhielt sich die Temperaturkonstante. Da bei jeder
Glockenlage ein anderes Luftvolumen an der Expansion oder Kompression teilnahm, so mußte auch die relative Senkung bzw. Steigung eine Funktion des
an der Temperatur teilnehmenden Glockenvolumens sein. Nun waren aber die
Temperaturen des Glockeninneren, deren Messung sehr große Schwierigkeit be-
reitet haben würde, bis auf die Temperatur der obersten Schicht unmittelbar
unterhalb des Bodens unbekannt. Es blieb daher nichts anderes übrig, als die
relativen Höhenänderungen auf die Deckentemperatur zu beziehen. Für den

Fall nun, daß an der am Boden festgestellten Temperaturänderung bei jeder Glockenstellung dieselbe prozentuale Höhe der Luftschicht teilnahm, mußte c_t eine Gerade, andernfalls eine Kurve werden.

Zur Ermittelung der beiden Konstanten aus den Undichtigkeitsversuchen wurden zunächst die Temperatur t und die Glockensenkung s als Funktion der Zeit aufgetragen. Zwei Beispiele sind in den Fig. 3 und 4 dargestellt. Hierauf wurde durch den Anfangspunkt der Kurve s eine Gerade s_o durch Probieren derart gelegt, daß die relativen Senkungen zu dieser Geraden, $s - s_o$, den entsprechenden Temperaturänderungen $t - t_o$ proportional waren.

Alsdann ergaben $\dfrac{s - s_o}{t - t_o}$ die Temperaturkonstante c_t, die Neigung tg α der Geraden s_o die Undichtigkeitskonstante c_u.

Für eine genaue Berechnung der Konstanten hätten die wenigen Undichtigkeitsversuche ein zu geringes Material geboten; da jedoch in diesem Falle 1 % Fehler von c_u nur 0,03 % und 1 % Fehler von c_t nur 0,0025 % Änderung des Gesamtvolumens bedingten, so war die Ermittelung der Konstanten für vorliegenden Zweck hinreichend genau. Es ergab sich für c_t die in Fig. 5 verzeichnete Gerade. Da sich in der tiefsten Glockenstellung der Bodenrand noch 0,430 m über

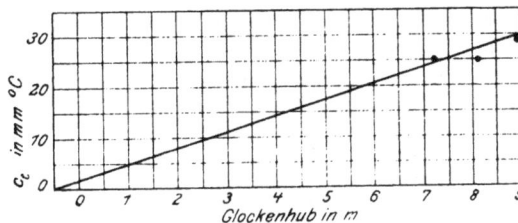

Fig. 5.

dem Wasserniveau befand, so mußte, dem an der Zustandsänderung teilnehmenden Luftvolumen entsprechend, in Fig. 5 der Hub 0 auf die Abszisse 0,43 gelegt werden. Es ergaben sich

$$
\begin{array}{lll}
\text{für Versuch I} & c_u = 7,5 \text{ mm} \\
\text{» Versuch II u. III} & c_u = 8,6 \text{ mm} \\
\text{» Versuch IV} & c_u = 5,9 \text{ mm.}
\end{array}
$$

Die wirkliche Senkung folgte somit

$$ H = H' - z \cdot c_u + (t_g'' - t_g') \cdot c_t, $$

wobei t_g' und t_g'' die Glockenbodentemperaturen am Anfang bzw. Ende der Beobachtungszeit z bedeuten. Da der Querschnitt der Glocke $F = 278$ qm betrug, so folgte das wirkliche sekundlich ausgeströmte Glockenvolumen in cbm

$$ V_g{}^1) = \frac{H \cdot 278}{60 \cdot z} $$

ausgedrückt in der Temperatur t_g' und dem Gasometerdruck p_g. Dieser letztere ergab sich, wenn b den Barometerstand und h_g den gemessenen Glockenüberdruck in mm W. S. bedeuten, zu

$$ p_g = b + \frac{h_g}{13,6} \text{ in mm Q. S.} $$

Die Temperatur der am Boden der Glocke ausströmenden Luft ist hierbei gleich der abgelesenen Deckentemperatur t_g gesetzt. Die Temperaturen in

---

¹) Die Indices g beziehen sich auf die Glocke,
» » l » » » » Leitung.

der Rohrleitung (M. St. II) sind zwar um 1—5⁰ geringer als t_g, doch ist anzunehmen, daß dieser Unterschied, wenn nicht ganz, so doch zum erheblichen
Teil durch Abkühlung in der Leitung entstanden ist.

2. Bestimmung des Volumens in der Rohrleitung.

Das Volumen in der Rohrleitung ergab sich aus dem Gasometervolumen
unter Berücksichtigung der Zustandsänderung. Der Druck $p_l = b + \dfrac{h_l}{13,6}$ im
Meßrohr von 405 mm ist bei jedem Versuch, die Temperatur t_l nur während
des letzten Versuches direkt gemessen worden; sie mußte daher aus der an der
Meßstelle I beobachteten Rohrtemperatur t_r berechnet werden. Je nach der
Höhe der Außentemperaturen hat die Innenluft auf ihrem Wege durch die
rd. 40 m lange Leitung Wärme aufgenommen oder abgegeben. Unter Annahme
eines Wärmeleitungskoeffizienten von $k = 0,5$[1]) betrug die stündliche Wärmetransmission pro Grad Temperaturdifferenz 100 WE. Für den Versuch Nr. IV
hätte hieraus eine Abkühlung von rd. 2⁰ folgen müssen, da die Kontrollmessung
jedoch eine Temperaturzunahme von 3⁰ zeigte, so ist die Luft scheinbar durch
Überwindung der Reibungswiderstände um 5⁰ erwärmt worden. Unter Annahme
einer Erhöhung der Eintrittstemperatur von 5⁰ und einer Wärmetransmission
von $k = 0,5$ für die Rohrleitung konnten jetzt die Temperaturen t_l für sämtliche Versuche berechnet werden. Wenn diese Ermittelung der Temperatur
auch nicht ganz genau ist, so ist doch zu bedenken, daß eine Fehlbestimmung
dieser Temperatur um 1⁰ nur 0,3% Fehler des Gesamtvolumens bedingt.

Das durch den Meßquerschnitt sekundlich durchströmende Luftvolumen
ergibt sich jetzt also

$$V_l = V_g \frac{p_g \cdot (273 + t_l)}{p_l \cdot (273 + t_g)}.$$

Auf diese Weise sind die Volumina und spezifischen Gewichte der Luft
für die Versuche I bis IV unter Annahme mittelfeuchter Luft berechnet worden.

Die Ergebnisse sind folgende:

Versuch		v_l	γ_l
I	α	2,083	1,175
	β	2,048	1,176
I	α	1,170	1,164
	β	1,170	1,164
II	α	1,164	1,162
	β	1,169	1,160
IV	α, β	1,140	1,186

[1]) S. Rietschel, Leitfaden zum Berechnen und Entwerfen von Lüftungs- und
Heizungsanlagen.

F. Resultate.

Versuch I.

Da der statische Druck bei den Versuchen mit dem Pitotrohr, wie erwähnt, 2,2 m unterhalb der Meßstelle ausgeschaltet worden war, so mußte die entsprechende Reibungshöhe von den Instrumentausschlägen h' abgezogen werden. Für den vorliegenden Fall von $v = 16$ m/sek. ergibt sich ein Reibungskoeffizient $\varrho = 0{,}0036$[1]) und damit für die Länge $l = 2{,}2$ m eine Reibungshöhe von 1,2 mm W. S. Die Geschwindigkeitshöhe ist daher $h = h' - 1{,}2$ mm W. S. Sodann wurden in den Fig. 6 a, b für die Versuche α und β die Werte $\sqrt{h}$ in ihrer horizontalen und ver-

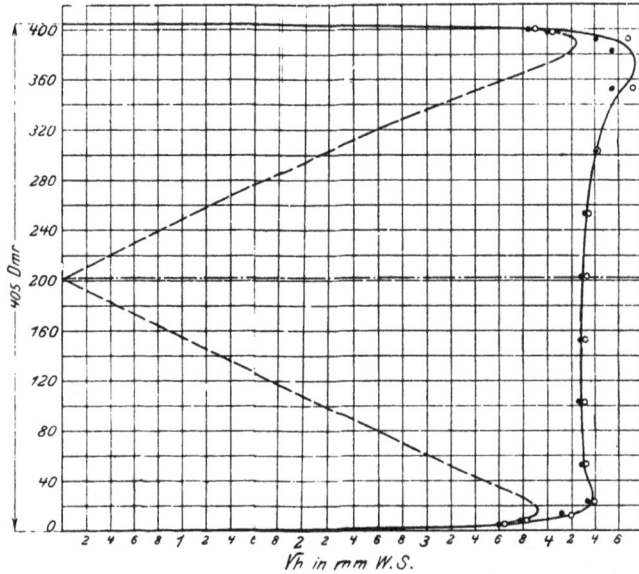

Fig. 6 a.

tikalen Verteilung über den Querschnitt von 395 mm aufgezeichnet. Da die beiden Parallelversuche (volle und leere Kreise) nur sehr wenig voneinander abwichen, wurden durch beide Aufnahmen mittlere Kurven gelegt und diese durch anschließende Geraden auf den Querschnitt von 405 mm Durchm. erweitert. Die Auswertung der Kurven erfolgte auf die übliche Weise durch Verwandlung der Rotationskörper in inhaltgleiche Zylinder. Die Seiten, auf denen der Luftwirbel lag, ergaben sowohl horizontal als auch vertikal größere Werte für $\sqrt{h}$.

Die resultierende mittlere Höhe h_l wurde

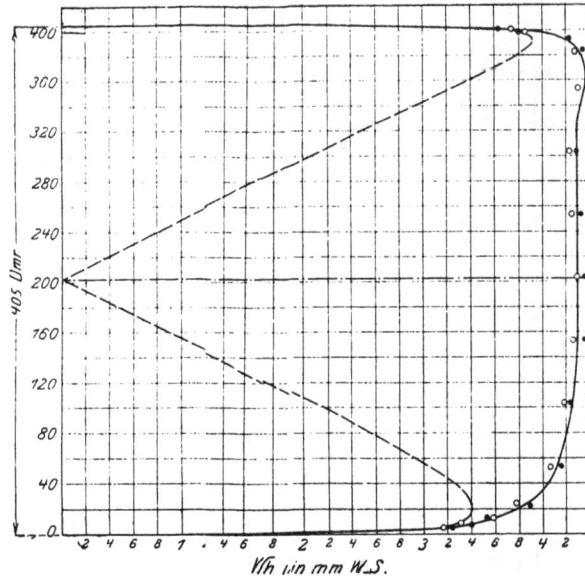

Fiig. 6 b.

[1]) Siehe Rietschel, Leitfaden zum Berechnen und Entwerfen von Lüftungs- und Heizungsanlagen.

unter der Annahme entwickelt, daß der Luftwirbel einen Zentralwinkel von 150°
einnahm, wie dies dem Augenschein entsprach. Eine fehlerhafte Annahme des
Winkels um 15° hätte h_l nur um rd. 1 % beeinflußt. Die Ausrechnung ergab
$h_l = 17{,}14$ mm W.S. Bezeichnet man die Konstante des Pitotrohres für diesen
Versuch mit ξ_l, so ist

$$h_l = \xi_l \frac{\gamma\, v^2}{2\, g} \quad \cdot \quad \cdot \quad \cdot \quad \cdot \quad \cdot \quad \cdot \quad \cdot \quad 1)$$

$$v = \frac{V_l}{F_l} \quad \cdot \quad \cdot \quad \cdot \quad \cdot \quad \cdot \quad \cdot \quad \cdot \quad 2)$$

$$\xi = \frac{2\, g\, h\, F_l^2}{\gamma \cdot V_l^2} \quad \cdot \quad \cdot \quad \cdot \quad \cdot \quad \cdot \quad \cdot \quad 3)$$

Aus dieser Gleichung folgt durch Einsetzung der entsprechenden Werte

$$\xi_l = \frac{19{,}6 \cdot 17{,}14 \cdot 0{,}166}{1{,}175 \cdot 4{,}26} = 1{,}11.$$

Versuch IV.

Dieser Versuch ist in Fig. 7a, b aufgetragen und genau so ausgewertet,
wie Versuch I, nur mit dem Unterschiede, daß, entsprechend der kleineren Ge-

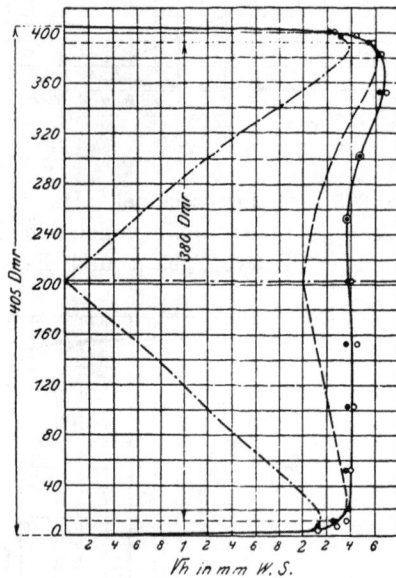

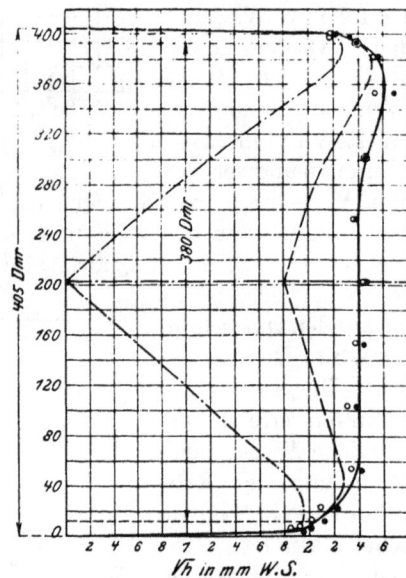

Fig. 7 a.   Fig. 7 b.

schwindigkeit, eine Reibungshöhe von 0,38 mm W.S. in Abzug gebracht wurde.
Als Resultat ergibt sich $h_{IV} = 5{,}54$ mm W.S. und nach Gleichung 3)

$$\xi_{IV} = \frac{19{,}6 \cdot 5{,}54 \cdot 0{,}166}{1{,}186 \cdot 1{,}30} = 1{,}17.$$

Versuche II und III.

Da mit der Stauscheibe und dem Prandtlrohr nur ein Querschnitt von
380 mm Durchm. gemessen wurde, die Geschwindigkeitsverteilung aber unmög-

lich über den Querschnitt von 405 mm Durchm. mit einiger Sicherheit ergänzt werden konnte, so war eine unmittelbare Berechnung der Konstanten dieser Instrumente nicht möglich. Sie wurden durch einen Vergleich mit dem bei fast denselben Luftverhältnissen untersuchten Pitotrohre (Versuch IV) ermittelt.

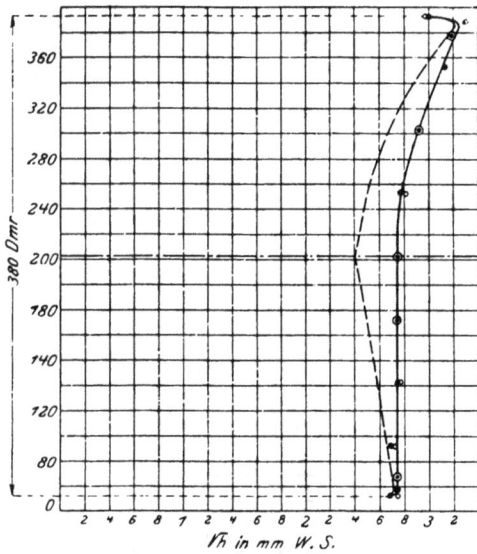

Fig. 8 a.

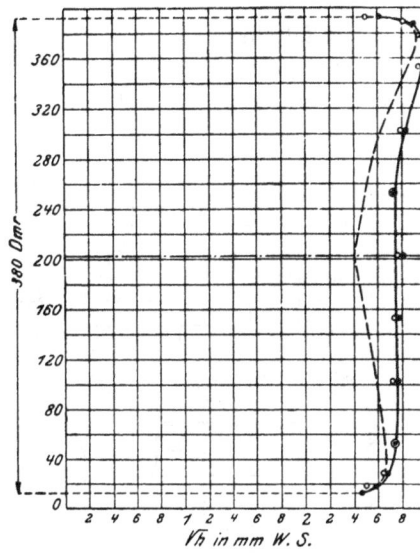

Fig. 8 b.

Zunächst wurden für den Querschnitt von 380 mm Durchm. die mittleren Höhen für die Versuche II—IV ausgewertet (siehe Fig. 7 a, b bis 9 a, b); sie ergaben sich zu

$$h_{II} = 7{,}95 \text{ mm W. S.},$$
$$h_{III} = 5{,}11 \text{ mm W. S.},$$
$$h_{IV} = 5{,}92 \text{ mm W. S.}$$

Einen unmittelbaren Vergleich ließen die Höhen wegen der Verschiedenheiten von Geschwindigkeit, spezifischem Gewicht und Querschnitt nicht zu. Jedoch findet man durch Anwendung von Gleichung 3)

$$\frac{\xi_{II\,380}[1]}{\xi_{IV\,380}} = \frac{h_{II}\,\gamma_{IV}\,v_{IV}{}^2\,F_{II}{}^2}{h_{IV}\,\gamma_{II}\,v_{II}{}^2\,F_{IV}{}^2} = 1{,}28[1] \quad . \quad . \quad . \quad . \quad . \quad . \quad 4)$$

$$\frac{\xi_{III\,380}}{\xi_{IV\,380}} = \frac{h_{III}\,\gamma_{IV}\,v_{IV}{}^2}{h_{IV}\,\gamma_{III}\,v_{III}{}^2} = 0{,}843 \quad . \quad . \quad . \quad . \quad . \quad . \quad 5)$$

Der Querschnitt F_{II} unterscheidet sich nur insofern von F_{IV}, als in dem ersteren die Verengung durch die Stauscheibe zu berücksichtigen ist.

Da man annehmen darf, daß das Verhältnis $\dfrac{\xi\,380}{\xi\,405}$ für alle Instrumente das gleiche ist, so ergibt sich ferner

---

[1]) Die Indices 380 bzw. 405 gelten für den Querschnitt von 380 mm Durchm. bzw. 405 mm Durchm.

$$\xi_{II\,405} = \xi_{II\,380}\, \frac{\xi_{IV\,405}}{\xi_{II\,380}} \quad \cdots \cdots \cdots \cdots \quad 6)$$

$$\xi_{III\,405} = \xi_{III\,380}\, \frac{\xi_{IV\,405}}{\xi_{IV\,380}} \quad \cdots \cdots \cdots \cdots \quad 7)$$

Zähler und Nenner des Bruches $\dfrac{\xi_{IV\,405}}{\xi_{IV\,380}}$ sind wegen der bereits a. a. O.[1] erwähnten falschen Ausschaltung des statischen Druckes sicher unrichtig; ihr Verhältnis jedoch, auf das es hier allein ankommt, weist, wie eine diesbezügliche Rechnung ergibt, einen Fehler $< 1{,}5\,^0/_0$ auf.

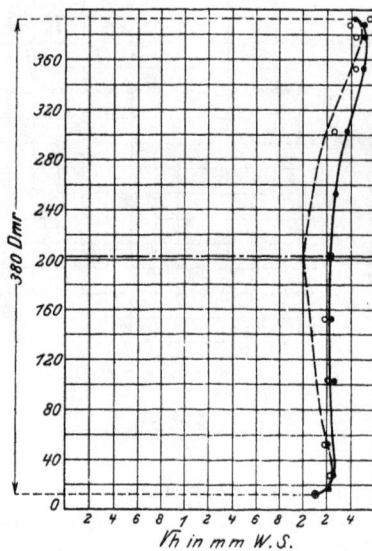

Fig. 9 a.

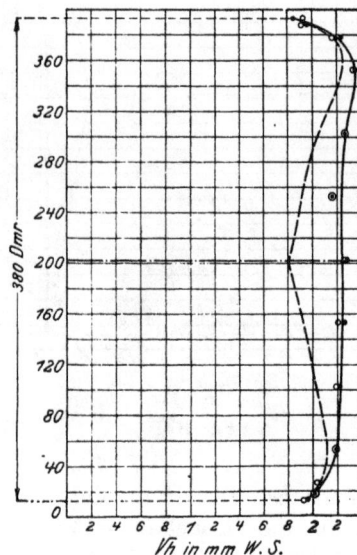

Fig. 9 b.

Schreibt man die Gleichungen 6) und 7) in der Form

$$\xi_{II\,405} = \xi_{IV\,405}\, \frac{\xi_{II\,380}}{\xi_{IV\,380}} \quad \cdots \cdots \cdots \cdots \quad 6\,a)$$

$$\xi_{III\,405} = \xi_{IV\,405}\, \frac{\xi_{III\,380}}{\xi_{IV\,380}} \quad \cdots \cdots \cdots \cdots \quad 7\,a)$$

so kann man die obigen Zahlenwerte unmittelbar einsetzen und erhält für die Stauscheibe

$$\xi_{II\,405} = \mathbf{1{,}50},$$

für das Prandtl-Instrument

$$\xi_{III\,405} = \mathbf{0{,}99}.$$

Die Schlußfolgerungen aus diesen Resultaten sind bereits a. a. O.[2] gezogen worden, so daß sich weiteres hier erübrigt.

---

[1] Siehe S. 57.
[2] Siehe S. 41.

Luftheizapparat.

Dampfverteiler.

Tafel 1.

Mitt. d. Prüf.-Anst. f. Heiz.- u. Lüft.-Einr. a. d. Kgl. Techn. Hochsch. Berlin. Heft I.

Druck und Verlag von R. Oldenbourg, München und Berlin.

Einrichtung zur Untersuchung von Kondenstöpfen und Dampfmessern.

Druck und Verlag von R. Oldenbourg, München und Berlin

Schalttafel für die große Lüftungsanlage.

Untersuchungsanordnung für Preß- und Saugköpfe

Druck und Verlag von R. Oldenbourg, München und Berlin.

Umformeraggregat für die große Lüftungsanlage.

Doppelventilator mit eingebauten Motoren.

Druck und Verlag von R. Oldenbourg, München und Berlin.

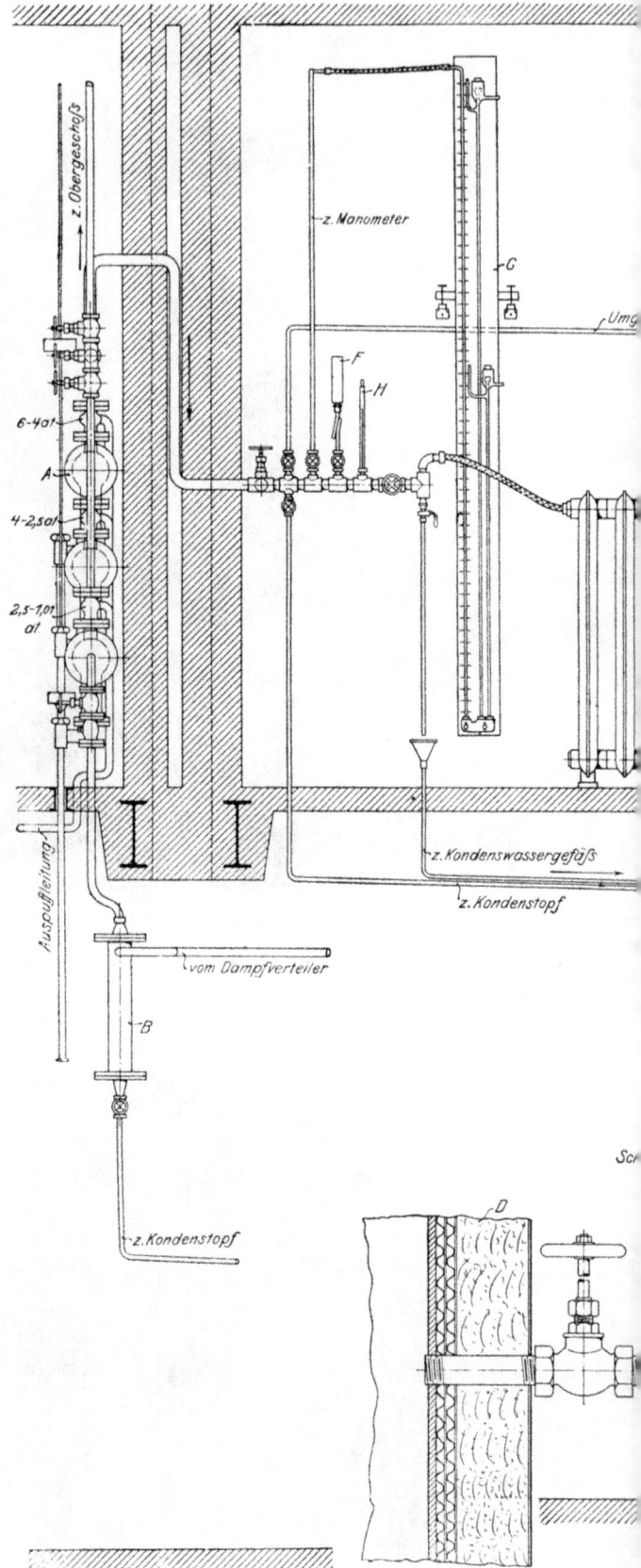

z. Obergeschoß

z. Manometer

G

Umg

6-4at

A

F

H

4-2,5at

2,5-1,0t
at

Auspuffleitung

z. Kondenswassergefäß

z. Kondenstopf

B

vom Dampfverteiler

z. Kondenstopf

Sc

D

Einrichtung zur U

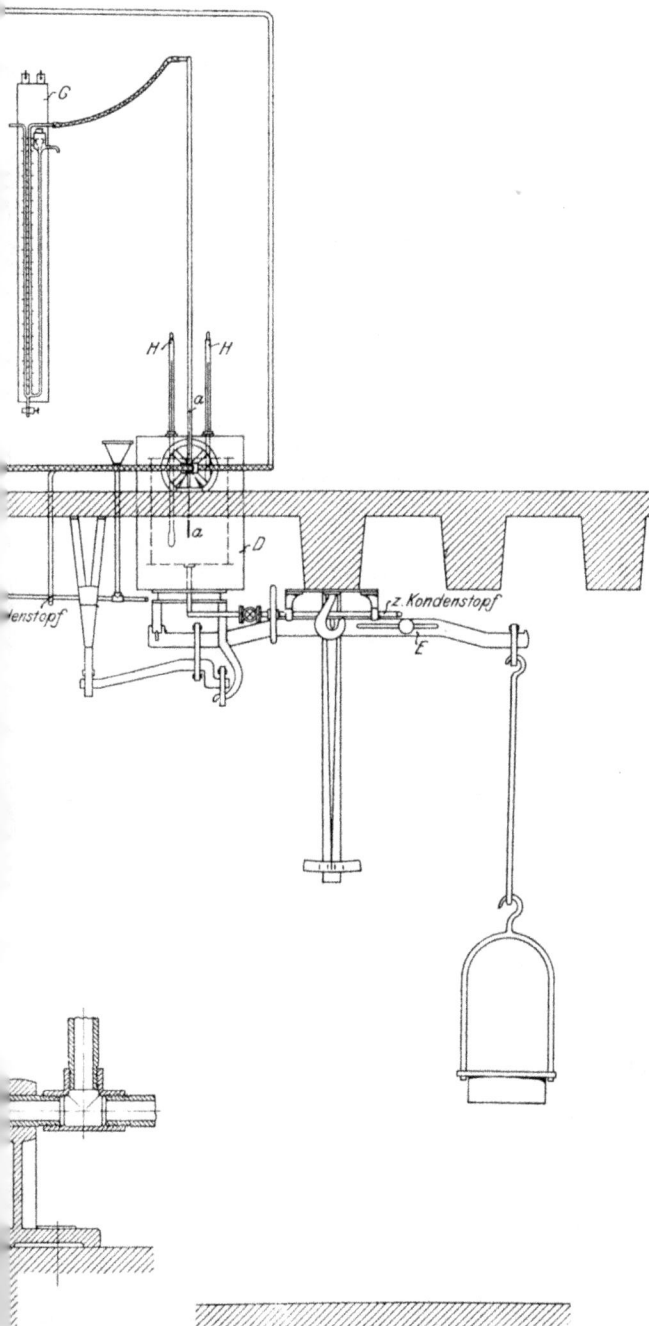

A Dampverteiler.
B Dampftrockner.
C Heizkörper.
D Kondenswassergefäß.
E Kondenswasserwage.
F Federmanometer.
G Wassermanometer.
H Thermometer.

Dampfheizkörpern.

Druck und Verlag von R. Oldenbourg, München und Berlin.

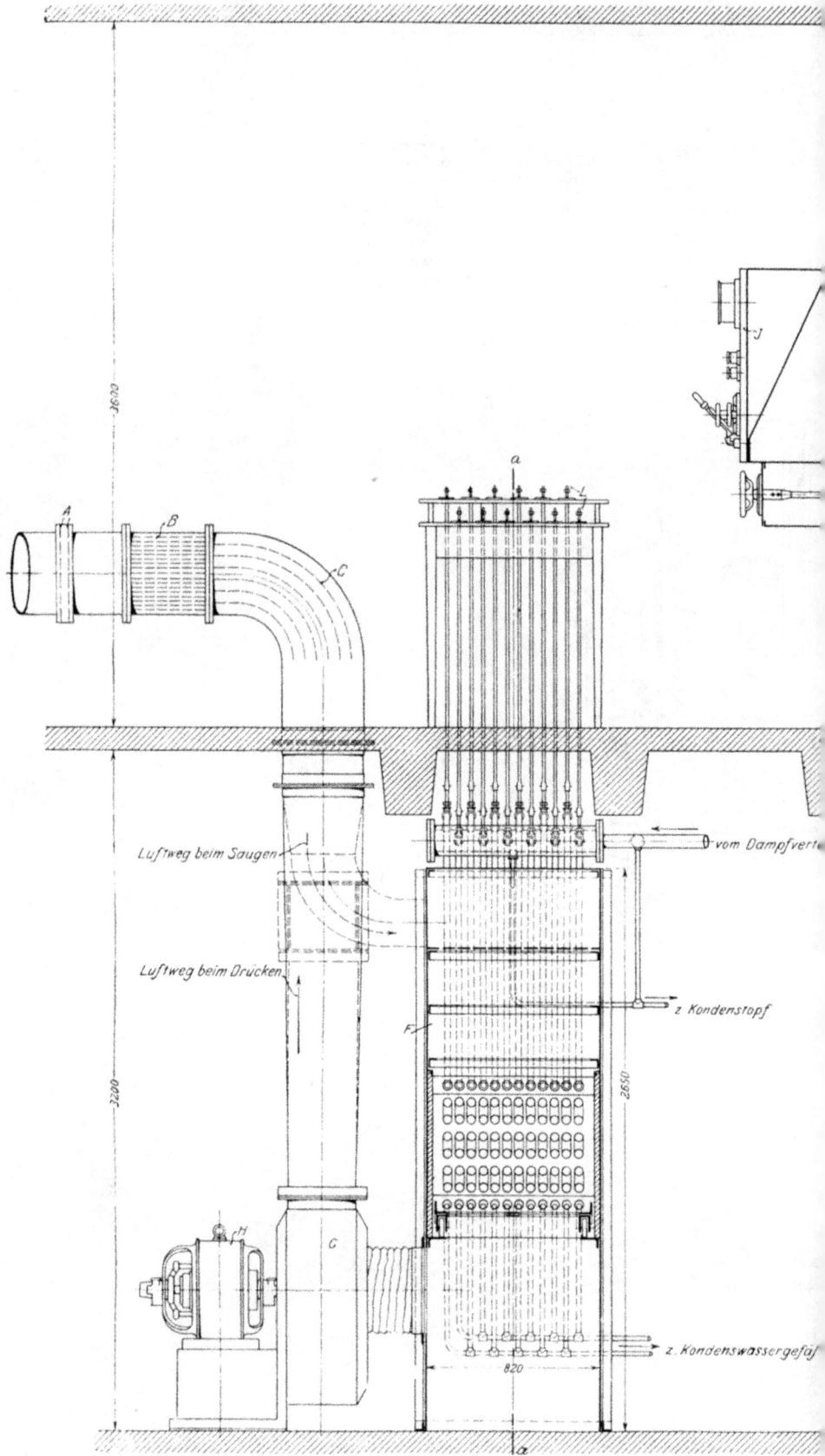

a

A

B

C

J

3600

Luftweg beim Saugen

Luftweg beim Drücken

vom Dampfvert

z. Kondenstopf

F

2650

3200

H

G

z. Kondenswassergefäß

820

a

Tafel 6.

A Drahtnetze
B Gleichrichtungsrohre.
C Leitbleche.
D Drahtsieb.
E Zuluftkanal.
F Luftheizapparat.
G Ventilator.
H Elektromotor.
J Schalttafel.
K Regulierwiderstände.
L Absperrventile der Heiz-
    schlangen.
M Fahrbares Gestell.

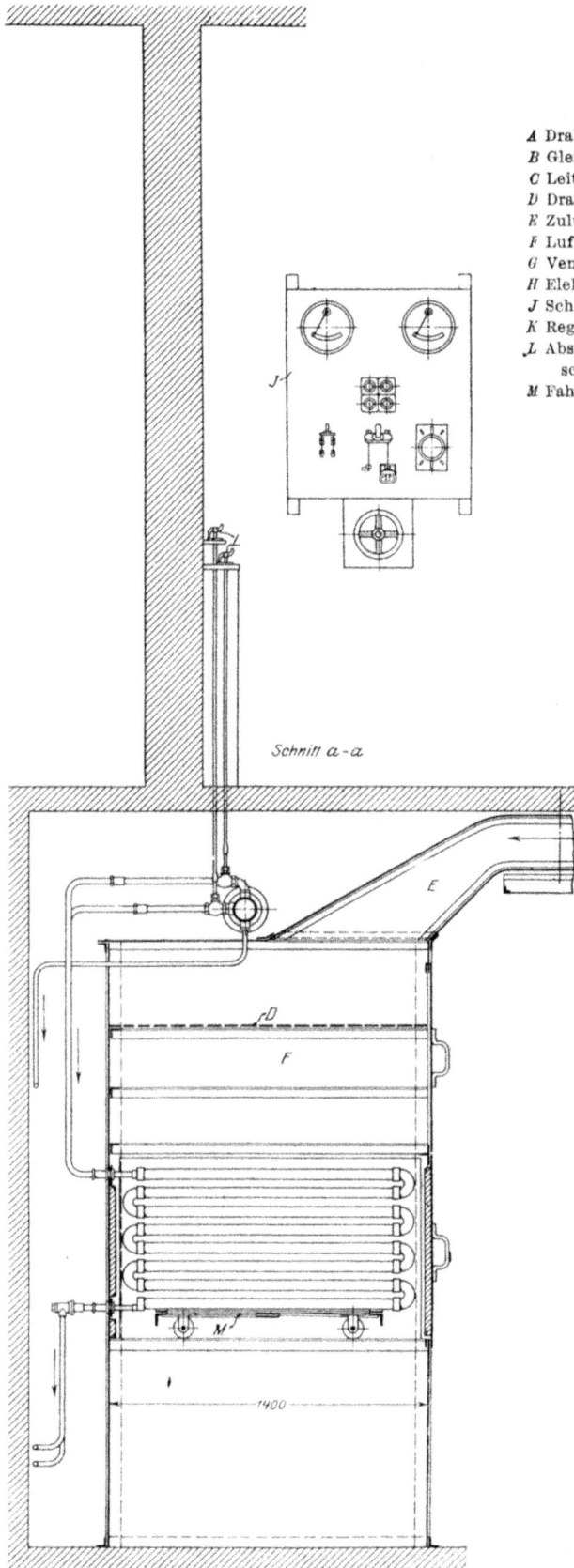

Schnitt a-a.

1400

Isolierraum.

Druck und Verlag von R. Oldenbourg, München und Berlin

www.ingramcontent.com/pod-product-compliance
Lightning Source LLC
Chambersburg PA
CBHW081431190326
41458CB00020B/6171

* 9 7 8 3 4 8 6 7 3 8 7 4 2 *